**Muthumanickam Muthulakshmi**
**Dr. Palanivel Rameshthangam**

# Nanopartículas de Fibroína da Seda: Propriedades, Preparações e Aplicações

AF303434

**Muthumanickam Muthulakshmi
Dr. Palanivel Rameshthangam**

# Nanopartículas de Fibroína da Seda: Propriedades, Preparações e Aplicações

**ScienciaScripts**

**Imprint**

Any brand names and product names mentioned in this book are subject to trademark, brand or patent protection and are trademarks or registered trademarks of their respective holders. The use of brand names, product names, common names, trade names, product descriptions etc. even without a particular marking in this work is in no way to be construed to mean that such names may be regarded as unrestricted in respect of trademark and brand protection legislation and could thus be used by anyone.

Cover image: www.ingimage.com

This book is a translation from the original published under ISBN 978-620-7-65271-6.

Publisher:
Sciencia Scripts
is a trademark of
Dodo Books Indian Ocean Ltd. and OmniScriptum S.R.L publishing group

120 High Road, East Finchley, London, N2 9ED, United Kingdom
Str. Armeneasca 28/1, office 1, Chisinau MD-2012, Republic of Moldova, Europe
Printed at: see last page
**ISBN: 978-620-7-77091-5**

# Nanopartículas de Fibroína de Seda: Propriedades, Preparações e Aplicações

Muthulakshmi Muthumanickam[1] , Rameshthangam Palanivel[2]

[1] *Bolseiro de investigação, Departamento de Biotecnologia, Universidade de Alagappa, Karaikudi - 630003, Tamilnadu, Índia.*

[2]*Professor Associado e Diretor i/c do Departamento de Nutrição e Dietética, Universidade de Alagappa, Karaikudi - 630003, Tamilnadu, Índia.*

**Autor correspondente: rameshthangam@alagappauniversity.ac.in*

*+91-9444834424*

# RECONHECIMENTO

2

Este artigo foi escrito com o apoio da RUSA - Fase 2.0 grant (F. 24-51/2014U) para o Dr. Rameshthangam Palanivel, Alagappa University, Karaikudi.

# RESUMO

As nanopartículas nos domínios biomédicos são muito promissoras em áreas científicas e têm despertado o interesse dos investigadores na procura de novos materiais biodegradáveis, biocompatíveis e não tóxicos. As propriedades e utilizações do biopolímero fibroína da seda em nanomedicina constituem a base deste capítulo. O biomaterial polimérico natural conhecido como fibroína da seda é derivado do bicho-da-seda *Bombyx mori* e caracteriza-se pela sua química anfifílica, biocompatibilidade, biodegradabilidade, excelentes qualidades mecânicas numa variedade de formas e flexibilidade de processamento. Devido a todas estas características, a fibroína da seda é uma boa escolha para funcionar como nanocarreador. Este capítulo apresenta uma visão geral da estrutura, biocompatibilidade e biodegradabilidade da fibroína da seda. É também apresentada uma análise exaustiva do processo utilizado para criar nanopartículas de fibroína da seda. Por último, a utilização de nanopartículas de fibroína da seda como nanocarreadores para a administração de medicamentos.

**PALAVRAS-CHAVE:** Biocompatibilidade, Biodegrabilidade, Nanopartículas, Nanocarreadores, Fibroína da seda

# ÍNDICE DE CONTEÚDOS

# ABREVIATURAS

SF- Silk fibroin

H-Chain- Heavy chain

L-Chain- Light chain

NPs- Nanoparticles

FDA - Food and Drug Administration

PLA- Polylactide

PLGA-  Poly lactic-co-glycolic acid

MSCs- Mesenchymal stem cells

HFIP- Hexafluoroisopropanol

COX-2-  Cyclooxygenase-2

CPP- Calcium polyphosphate

Tg- Glass transition temperature

GSH- Glutathione S-transferase

GSH-PX- Glutathione peroxidase

CAT- Catalase

 SOD- Superoxide dismutase

DPPH- 1,1-diphenyl-2-picryl-hydrazil

TBARS- Thiobarbituric acid reactive substances

Bcl-2- B-cell lymphoma 2

DMSO- Dimethyl sulfoxide

PVA- Polyvinyl alcohol

SCF- Supercritical fluid

scCO2- Supercritical CO2

RESS- Rapid expansion of supercritical solutions

PGSS- Particles from gas-saturated solutions or suspensions

GAS or SAS- Gas or Supercritical fluid antisolvent

IDMC- Indomethacin

DL- Drug load

EE- Encapsulation efficiency

CDDP- cis-diamminedichlorochloroplatinum(II)

PBS- Phosphate-buffered saline

PVA- Polyvinyl alcohol

SFL- SF coated liposomes

THP- Tumor homing peptides

CCPs- Cell penetrating peptides

FU- Fluorouracil

ROS- Reactive oxygen species

PVOH- Poly vinyl alcohol

AgNPs- Silver nanoparticles

## 1.Introdução

Os compósitos de polímeros e nanopartículas são frequentemente considerados como sistemas bifásicos constituídos por uma matriz e um reforço, que podem ser misturados de várias formas. Os compósitos combinam as características biológicas e físicas dos dois materiais, que têm sido amplamente utilizados em domínios biomédicos como a administração de medicamentos, a engenharia de tecidos e a biossensorização **(T. Hanemann, 2010)**. Uma vez que os polímeros servem de matriz para a fixação direta de células ou tecidos, têm de ser biocompatíveis e biodegradáveis **(Q.Q. Dou, 2014)**. Os polímeros naturais, incluindo o colagénio, o quitosano, o alginato e a fibroína da seda, estão a tornar-se cada vez mais populares.

A proteína natural conhecida como fibroína da seda (SF), obtida a partir do bicho-da-seda *Bombyx mori*, é composta pela glicoproteína P25, pela cadeia H e pela cadeia L **(M.Tsukada,1994)**. A SF é dotada de capacidades mecânicas extraordinárias **(L.D.Koh, 2015)** devido à sua estrutura de folha β antiparalela altamente cristalina, que é formada por repetições de glicina-alanina-alanina-glicina-glicina-serina (GAGAGS), que constituem 94% das sequências de aminoácidos na cadeia H. Além disso, é possível projetar a degradabilidade da SF de semanas a meses, variando a sua cristalinidade e a concentração da folha β. Uma parte considerável dos aminoácidos da cadeia lateral, incluindo a serina, a treonina, o ácido aspártico, o ácido glutâmico e a tirosina, também está presente na SF e oferece locais reactivos para alterações funcionais e químicas **(K. Numata, 2010)**. Além disso, a SF pode ser transformada numa variedade de formas, tais como películas, andaimes, hidrogéis, microesferas e nanofibras. Numerosas investigações in vitro e in vivo demonstraram a elevada citocompatibilidade e histocompatibilidade do SF **(M.A.Hood, 2014)**. Dependendo da espécie das nanopartículas (NPs) e das interacções entre o polímero e as NPs, a adição de NPs a materiais à base de SF pode efetivamente alcançar as qualidades desejadas exigidas nos sectores biomédicos, melhorando assim ainda mais o seu desempenho **(S. Merino, 2015)**. As NPs poliméricas (naturais, sintéticas), as NPs de metal/óxido de metal (ouro, prata, óxido de ferro), as NPs à base de carbono (nanotubos de carbono, grafeno) e as NPs inorgânicas/cerâmicas (silicatos, carbonato de cálcio, fosfato de cálcio) podem ser classificadas como NPs **(A.Bitar, 2012)**. Estas NPs têm uma grande área de superfície, um elevado efeito de adsorção e uma série de propriedades intrínsecas, como propriedades mecânicas, biológicas, térmicas, eléctricas, fluorescentes e magnéticas excepcionais. As NPs têm sido utilizadas em sistemas de administração de medicamentos, agentes antimicrobianos, enchimentos de andaimes de engenharia de tecidos, biossensores de diagnóstico e optoelectrónica, para além da quimio catálise e dos cosméticos **(S. Sharifi, 2012)**. No entanto, existem várias desvantagens quando são utilizados em domínios biológicos. Algumas das suas qualidades degradam-se devido à sua tendência para se agregarem, o que diminui a sua influência à nanoescala. A sua possível toxicidade é também uma preocupação significativa **(Y. Zare, 2016)**, uma vez que o seu tamanho minúsculo e a sua enorme área de superfície lhes permitem penetrar facilmente e interagir com células e tecidos, causando potencialmente danos irreversíveis ou efeitos adversos na estrutura e função biológicas. A incorporação de NPs na matriz polimérica é uma forma eficiente de evitar a agregação e minimizar a toxicidade **(A.R. Murphy, 2009)**. Os compósitos polímero-NPs podem ser criados e ajustados com base em vários critérios.

Os compósitos SF-NPs com boas interacções interfaciais têm sido eficazmente fabricados devido à sua excecional flexibilidade química e miscibilidade. Apresentam um melhor desempenho em micro ou nanoestruturas, características físico-químicas e resposta biológica **(J. Melke, 2016, R. Ladj, 2013, Inoue, S. 2000)**. Assim, neste capítulo do livro, discute-se as formas de interação entre SF e NPs, dá-se uma visão geral completa dos métodos utilizados para fabricar vários compósitos SFNPs e destacam-se as propriedades melhoradas para as suas utilizações biológicas.

## 2. Fibroína da seda do bicho-da-seda (*Bombyx mori*)

A fibroína da seda é uma molécula hidrofóbica modular, grande e repetitiva, constituída por uma proteína que é dividida por pequenos grupos hidrofílicos. Três componentes principais constituem a estrutura central da *Bombyx mori* SF: serina (Ser) (12%), alanina (Ala) (30%) e glicina (Gly) (43%). Com uma única ligação dissulfureto entre a cadeia pesada (H) (~325 kDa) e a cadeia leve (L) (~25 kDa) na cys-172 da cadeia L e no vigésimo resíduo do terminal C da cadeia H (Cys-c20), a SF é uma proteína heterodimérica **(Kundu, J. 2010)**. Além disso, a P25, uma glicoproteína da seda de 25 kDa, está ligada a cadeias pesadas e leves que estão ligadas por dissulfureto por interação não covalente **(Mondal, M. 2007)**. Além disso, os aminoácidos com cadeias laterais polares e volumosas, como a tirosina, a valina e os aminoácidos ácidos, encontram-se nas cadeias de SF **(Sehnal, F. 2004)**.

À semelhança dos blocos hidrofóbicos e hidrofílicos observados nos copolímeros em bloco anfifílicos, a cadeia H do SF alterna entre eles. Esta cadeia confere ao fio de seda características cristalinas e é hidrofóbica **(Bini, 2004)**. As repetições Gly-X, em que X é qualquer um dos aminoácidos Alanina, Serina, Treonina ou Valina, podem formar folhas β antiparalelas que conferem à fibra a sua estabilidade e características mecânicas. Estas repetições encontram-se nos domínios hidrofóbicos das cadeias H. Em comparação com o comprimento das repetições hidrofóbicas, as ligações hidrofílicas que unem estes domínios hidrofóbicos não são repetitivas e são extremamente breves **(Vepari, C. 2007)**. A seda é a parte amorfa da estrutura secundária e é composta por cadeias laterais volumosas e polares. A seda tem flexibilidade devido à conformação imprevisível da cadeia em espiral que se encontra nos blocos amorfos **(Hardy, J.G. 2008)**. A cadeia L tem tendência para ser hidrofílica e é bastante elástica. A proteína P25 pode ser crucial para preservar a estabilidade do complexo. A cadeia H: A cadeia L:P25 tem proporções molares de 6:6:1 **(Kundu, B. 2013)**.

## 3. Estrutura química da fibroína da seda

Um polímero natural fiado por várias espécies, como os bichos-da-seda e as aranhas, é designado por fibroína da seda (SF). A seda de arrasto produzida pelo bicho-da-seda cultivado *Bombyx mori* e pela aranha Nephila clavipes são os tipos de seda mais bem caracterizados. A Food and Drug Administration (FDA) dos EUA autorizou a SF, um polímero proteico natural, como biomaterial. Devido ao carácter mais agressivo das aranhas e aos volumes mais complicados e mais baixos de combinações de seda criadas em teias de orbe, a produção comercial de sedas de aranha tem sido limitada, em contraste com a cadeia de abastecimento estabelecida acessível para a seda do bicho-da-seda **(Yao, D. 2012)**.

## 4. Propriedades físico-químicas da Fibroína da Seda

A SF tem características distintas dos polímeros sintéticos e naturais e possui uma mistura distinta de propriedades mecânicas e biológicas **(Theodora, C.2016)**. No sector do vestuário, a seda é geralmente associada à suavidade, mas devido ao seu módulo e resistência à tração, é realmente um dos biomateriais naturais mais resistentes **(Kundu, B. 2013)**. Esta propriedade é crucial para os polímeros utilizados na regeneração do tecido ósseo, uma vez que estas aplicações dependem criticamente do desempenho mecânico do polímero **(Luo, K. 2016)**. Quando exposto a um stress térmico extremo (mais de 250 °C), o SF apresenta uma estabilidade excecional **(Lu, Q. 2016)**.

### Bicho-da-seda *Bombyx mori*
### 4.1. Biocompatibilidade

A Food and Drug Administration (FDA) designou formalmente a SF, um material biocompatível, para utilização na criação de vários instrumentos nanotecnológicos **(Melke, J. 2016)**. Ao longo dos últimos vinte anos, foi feita muita investigação sobre a biocompatibilidade da seda. Comparando o colagénio, o polilactido (PLA) e o poli(ácido lático-co-glicólico) (PLGA), três outros polímeros biológicos degradáveis populares utilizados na indústria farmacêutica, a maioria dos estudos concluiu que o colagénio tem uma resposta imunogénica reduzida e uma elevada biocompatibilidade **(Numata, K. 2010)**. A elevada compatibilidade com várias linhas celulares, incluindo hepatócitos, osteoblastos, fibroblastos, células endoteliais e células estaminais mesenquimais (MSCs), foi demonstrada em testes de citocompatibilidade realizados com formas de SF **(Jin, H.J. 2004, Meinel, L. 2005)**. O potencial inflamatório das formulações de SF tem sido atribuído à transição estrutural (hélice para folha β) de SF induzida por solventes orgânicos como metanol e hexafluoroisopropanol (HFIP) durante o processamento de SF **(Song, W. 2017)**. Para evitar estas reacções inflamatórias, foram utilizadas condições de processamento suaves em vez de utilizar solventes orgânicos **(Panilaitis, B. 2003)**. A imunogenicidade muito baixa foi demonstrada pela ausência de variações significativas nos níveis de expressão do gene inflamatório da ciclooxigenase-2 (COX-2) e do fator de ativação de linfócitos (IL-1) em resposta à estimulação do SF **(Xie, H. 2017)**. A biocompatibilidade de scaffolds utilizados para a regeneração de defeitos de cartilagem e osso que incluem SF e polifosfato de cálcio (CPP) foi avaliada noutro estudo **(Zhao, S. 2016)**.Em comparação com os scaffolds de CPP, os resultados demonstraram uma melhoria notável na osteogenicidade e biocompatibilidade tecidular dos scaffolds de SF-CPP **(Zhao, S. 2016)**.

## 4.2. Propriedades mecânicas

Um componente essencial das formulações à base de SF para utilização em aplicações farmacêuticas e biológicas é a rigidez mecânica. Por exemplo, o material de SF utilizado na engenharia de tecidos precisa de ter a mesma rigidez que o tecido pretendido. A estabilidade e a degradabilidade do polímero de SF também podem ser afectadas pela rigidez **(Bhrany, A.D. 2008)**. Não existe resistência mecânica suficiente em vários polímeros que têm sido utilizados em sistemas de administração de medicamentos, incluindo o colagénio e o PLGA. A ligação cruzada é uma técnica amplamente utilizada para aumentar a resistência mecânica de biopolímeros como o colagénio. No entanto, o processo de ligação cruzada pode ter efeitos desfavoráveis, como imunogenicidade e toxicidade celular **(Luo, Z. 2019)**. A forte estrutura de folha $\beta$ no SF oferece qualidades mecânicas superiores sem exigir processos árduos de ligação cruzada. O SF tem a capacidade de se transformar em líquido, hidrogel ou formas de andaime, dependendo do conteúdo da folha $\beta$ **(Kurland, N.E. 2012)**. A resistência mecânica é frequentemente medida utilizando métodos de nanoindentação baseados no módulo de Young **(Altman, G.H. 2002)**. Devido à sua grande resistência à compressão e à tração, o SF é um excelente material para a engenharia de tecidos e a administração de medicamentos **(Kundu, B. 2014)**. Além disso, a SF é mais estável durante o processamento físico farmacêutico, uma vez que o processo de degomagem aumenta a resistência à tração em 50% **(Min, B.M. 2006)** devido à eliminação da sericina.

### 4.3. Estabilidade

Um dos elementos mais importantes na criação de formulações farmacêuticas é a estabilidade dos componentes poliméricos. Para aplicações clínicas, os biopolímeros são preferidos aos equivalentes sintéticos devido à sua biocompatibilidade e biodegradabilidade; no entanto, para serem utilizados no sector farmacêutico, os biopolímeros têm de cumprir requisitos de estabilidade específicos. A agregação durante o armazenamento prolongado é um problema predominante na estabilidade de soluções de SF puro. A SF apresenta-se sob duas formas: solúvel (elevado teor de $\alpha$-hélices e bobinas aleatórias) e insolúvel (elevado teor de $\beta$-folhas). Ambas as formas devem ser utilizadas e mantidas actualizadas, dependendo da formulação do medicamento. Quando a SF solúvel é armazenada em ambientes excessivamente húmidos, muda de uma α-hélice e bobina aleatória para uma folha β, o que pode causar gelificação e reduzir a estabilidade da solução de SF **(Jin, H.J. 2005, Guan, J. 2016)**. Quando se trata de estabilidade sob stress térmico, a SF supera as outras proteínas. A temperatura de transição vítrea (Tg), que no caso da SF é influenciada pela concentração da sua folha β, é a melhor medida da estabilidade térmica da proteína. Para o processamento de formulações, é ideal que a proteína em filmes de SF permaneça estável até 250°C, e a Tg do filme é de cerca de 175°C. No entanto, a Tg da solução de SF congelada pode atingir -34°C **(Nazarov, R. 2004)**, o que também é útil para o processamento farmacêutico a baixas temperaturas. Além disso, a Tg tem um impacto nos níveis de porosidade e cristalinidade das películas de SF **(You, R. 2013)**. A transição da Seda I para a Seda II é provocada por um aumento do teor de folhas β da SF, o que se reflecte numa mudança considerável da Tg, que modifica o grau de cristalinidade. Outro fator crucial para as utilizações biológicas do SF é a sua estabilidade em fluidos fisiológicos. Para melhorar o transporte dos medicamentos relacionados para o local de ação, o SF pode ser revestido com polímeros como o polietilenoglicol (PEG) para o proteger da decomposição enzimática no organismo.

## 4.4. Degradabilidade

Uma caraterística crucial dos materiais biológicos é a sua degradabilidade. A principal vantagem da SF em aplicações clínicas é a sua biodegradabilidade; no entanto, esta caraterística expõe as partículas puras de SF a enzimas proteolíticas. É possível controlar o ritmo de degradação do SF alterando o seu peso molecular, ligações cruzadas, grau de cristalinidade ou características morfológicas **(Li, M. 2003)**. Existem vários métodos para estabilizar o SF contra a degradação, para além da ligação cruzada e da cristalinidade. As folhas de SF foram submetidas a colagénios IA num teste de destruição enzimática in vitro, a forma cristalina das folhas mudou de Seda II para Seda I. Mas quando a protease XIV foi aplicada, a maioria das folhas de SF mudou para Seda I, o que aumentou a quantidade de cristalinidade. A protease XIV degradou-se a um ritmo substancialmente mais lento do que a colagenase IA, apesar do facto de ambas as instâncias terem um período de degradação de 15 dias **(Horan, R.L. 2005)**. Uma perda consistente da integridade mecânica como resultado da deterioração da SF foi demonstrada noutra investigação **(Liu, B. 2015)**. Após 10 semanas de incubação com protease, o diâmetro do filamento de SF diminuiu exponencialmente para 66% do seu diâmetro inicial. Com tempos de incubação mais longos com a protease XIV, a eletroforese em gel mostrou uma diminuição na quantidade da cadeia leve de 25 kDa da seda e uma alteração no peso molecular da cadeia pesada **(Liu, B. 2015)**. Ao longo de 20 dias, **(Wongpinyochit. 2018)** usou três proteases diferentes: quimotripsina, papaína e protease XIV para estudar o comportamento de degradação enzimática da SF. Os locais de clivagem diferem entre as proteases, o que causa flutuações na taxa de degradação. Quando a quimotripsina estava presente, a taxa de degradação era maior do que quando a papaína e a protease XIV estavam juntas, mas não havia diferença discernível entre as duas. Para além dos locais de clivagem, outros factores que afectam a taxa de degradação incluem a acessibilidade da enzima, o formato SF e a estrutura secundária **(Wongpinyochit. 2018)**. Uma investigação recente sobre a degradação in vivo em ratos descobriu uma correlação entre a degradação de SF e a presença de sericina e a atividade fagocítica das células de fibroblastos **(Zhao, Z. 2014)**. Como a sericina estimula a degradação celular, a seda crua (SF com sericina) degrada-se mais rapidamente do que a SF pura **(Jahanshahi, M. 2008)**.

## 5. Propriedades antimicrobianas da fibroína de seda

De acordo com um estudo recente, a fibroína de seda de B. mori tinha um efeito bactericida ligeiro a moderado **(W.I. Abdel-Fattah, 2015)**. Este facto foi explicado pela elevada concentração de glicina da proteína. Kaur et al., no entanto, demonstraram que a fibroína de seda de B. mori apresentava uma atividade antibacteriana intrínseca negligenciável ou nula **(J. Kaur, 2014)**. Os muitos péptidos minúsculos que sobraram dos casulos de seda podem ter contribuído para o impacto bactericida que, de outro modo, se verificou. As seroínas e os inibidores de protease, que têm características antibacterianas, antivirais e antifúngicas **(J. Pandiarajan, 2011; C. P. Singh, 2014)**, bem como a capacidade de proteger as pupas de infecções invasivas **(X. Guo, 2016)**, estavam entre os peptídeos mais prevalentes. No entanto, outras investigações indicaram que a fibroína da seda promoveu efetivamente o desenvolvimento de germes. Foi demonstrado que as características da superfície nanopadronizada da fibroína da seda promovem o crescimento de bactérias **(F. Xue, 2015)**. Além disso, o desenvolvimento de biofilme foi possibilitado pela película composta de fibroína de seda/glicerol **(Y. Tabei, 2011)**. A fibroína de seda é frequentemente processada para criar películas, hidrogéis, matrizes tecidas e matrizes não tecidas que são utilizadas como materiais para pensos de feridas. Uma vez que a maioria destes pequenos péptidos foi inactivada ou removida durante os processos de purificação, dissolução e degomagem, a fibroína de seda purificada e processada carece geralmente de propriedades bactericidas ou fungicidas. No entanto, a fibroína da seda pode ser modificada à superfície ou misturada com antibióticos, biocidas ou extractos naturais para aumentar as suas funcionalidades antimicrobianas (ou seja, antibacterianas ou antifúngicas) para aplicações em pensos para feridas.

<u>**6. Actividades antioxidantes e antitumorais da fibroína da seda**</u>

Há muito que se sabe que a sericina é um antioxidante. Devido à sua capacidade antioxidante, foi demonstrado que tem uma tendência supressora da peroxidação lipídica no intestino; como resultado, pode ser utilizada para prevenir a ocorrência e a propagação de tumores do cólon **(Kaplan, D.L, 1998)**. You-Gui et al. demonstraram a capacidade da sericina para fazer regressar ao normal as enzimas antioxidantes reduzidas, incluindo GSH, GSH-PX, CAT e SOD, numa investigação que utilizou um modelo de rato de lesão hepática induzida pelo álcool. Além disso, a sericina demonstrou uma ação antioxidante potente sobre a peroxidação do ácido linoleico, para além da sua capacidade de eliminar os radicais hidroxilo, superóxido e DPPH **(L. Saidi, 2021)**. Diferentes hidrolisados de sericina de seda mostraram uma redução considerável na potência e na atividade quelante de iões ferrosos quando comparados com o controlo noutra investigação in vitro **(I. Tontul, 2020)**. Do mesmo modo, a sericina demonstrou ter propriedades antioxidantes no stress oxidativo induzido pela catalase e pelas substâncias reactivas ao ácido tiobarbitúrico (TBARS) na linha celular de fibroblastos felinos quando se utiliza peróxido de hidrogénio. Além disso, as células tratadas com sericina demonstraram uma sobrevivência celular significativa e restauraram a integridade da membrana celular, demonstrando o potencial da sericina para utilização no tratamento do cancro **(A. Gholamhosseinpour, 2023)**. Os benefícios da sericina para a saúde foram observados em termos de redução do adenocarcinoma do cólon, da proliferação celular e da produção de óxido nítrico quando foi administrada a ratos tratados com 1,2-dimetil-hidrazina a uma taxa de 30 g/kg durante 115 dias **(M. Torun, 2022)**. Os efeitos da sericina na linha celular SW 480 do cancro do cólon humano, em duas gamas de peso molecular, foram examinados através de uma experiência in vitro. Através do aumento da paragem do ciclo celular na fase S e da indução da morte celular através da ativação da caspase-3 e da desregulação da expressão de Bcl-2, a pequena sericina mostrou impactos mais fortes na degradação da viabilidade celular. O estado de stress oxidativo do cólon e a incidência de tumores foram significativamente reduzidos no modelo de carcinogénese do cólon em ratos quando se adicionou 3% de sericina à dieta **(A.A.F. Fallah, 2022)**.

## 7. Métodos de Preparação de Nanopartículas à Base de Fibroína de Seda

O SF foi extraído de casulos *de Bombyx mori*. Inicialmente, os casulos são fervidos em carbonato de sódio 0,02 M durante 30 minutos. Este processo é repetido três vezes, substituindo-o por uma solução de carbonato de sódio fresca de cada vez. Em seguida, as fibras de seda degomadas são lavadas com água destilada e o excesso de água é espremido. As fibras são deixadas a secar a 50°C numa estufa de ar quente durante a noite. O SF extraído é então dissolvido no reagente de Ajisawa (CaCl2: etanol: água numa proporção molar de 1: 2: 8) a 60 °C durante 4 horas. A solução de SF dissolvido é então dialisada contra água ultrapura durante 48 h **(Pinto Reis, C. 2006)**.

Para a criação de nanopartículas à base de SF, está disponível uma variedade de técnicas, incluindo a electroprojecção, a cominuição mecânica, a salga, a dessolvatação e a tecnologia de fluidos supercríticos. A criação de nanopartículas à base de SF para aplicações de administração de fármacos exige uma análise cuidadosa das vantagens e desvantagens de cada abordagem antes de se optar por uma delas. É necessária mais investigação neste difícil domínio do fabrico de nanopartículas de SF. Uma vez que o SF é uma proteína e tem um grande peso molecular, o controlo da criação de nanopartículas é um desafio. Além disso, a SF tem tendência para se auto-montar em géis ou fibras quando exposta a um forte cisalhamento, calor, sal e alterações de pH.

### 7.1. Dessolvatação

O processo de dessolvatação/coacervação é o método mais frequentemente utilizado para a produção de nanopartículas à base de proteínas, devido às condições geralmente suaves necessárias. A separação de fases é o resultado do processo de dessolvatação (coacervação simples), que reduz a solubilidade da proteína. As alterações estruturais das proteínas que resultam em coacervação ou precipitação ocorrem quando é introduzido um agente dessolvatador **(Lohcharoenkal, W. 2014)**. A Figura 5 mostra o desenho esquemático do procedimento de dessolvatação utilizado para produzir nanopartículas de SF. Em conclusão, quando a proteína é dissolvida num solvente, é primeiro extraída para uma fase não-solvente. A separação de fases produz duas fases: uma com um componente coloidal, ou coacervado, e a outra com uma mistura de solvente e não-solvente. Neste processo, é essencial uma boa mistura entre o solvente e o não-solvente. Um tamanho de partícula estável é alcançado após a primeira fase do processo, e a adição de não-solvente através de dessolvatação adicional leva apenas a um aumento do rendimento das partículas. O pH da solução proteica é importante porque pode ser ajustado para atingir as condições ideais de tamanho de partícula e rendimento do processo no ponto isoelétrico da proteína, onde o processo decorre de forma mais rápida e eficaz.

De acordo com **(Zhang. 2004)**, as nanopartículas de SF foram produzidas combinando SF aquoso com solventes orgânicos apróticos polares (tetrahidrofurano e acetona) ou solventes orgânicos próticos miscíveis com água (metanol, etanol, propanol e isopropanol). As moléculas de SF regeneradas sofreram uma conversão instantânea de Seda I para Seda II ao longo deste procedimento. Nanopartículas de SF insolúveis em água com uma estrutura $\beta$ e uma gama de diâmetros de 35-125 nm foram produzidas através da rápida introdução de SF aquoso em acetona.

**(Kundu. 2010)** utilizou dimetilsulfóxido (DMSO) como ingrediente desolvatador num processo de dessolvatação para criar nanopartículas de SF. A separação de proteínas, a dessolvatação, a centrifugação, a purificação, a sonicação, a filtragem e a liofilização foram os procedimentos que constituíram o processo de fabrico. As nanopartículas estáveis, esféricas e carregadas negativamente tinham um diâmetro de 150-170 nm, apresentavam predominantemente uma estrutura Silk II (folha $\beta$) e não apresentavam toxicidade evidente.

De acordo com **(Cao Y. 2010)**, as microesferas de SF foram criadas arrefecendo a combinação abaixo do ponto de congelação e adicionando uma pequena quantidade de etanol à solução de SF regenerada. As microesferas de SF resultantes tinham diâmetros previsíveis e controlados, variando de 0,2 a 1,5 mm. As circunstâncias da preparação, tais como a quantidade de etanol utilizada e a temperatura de congelação, podem afetar o tamanho das partículas e a distribuição do tamanho.

**(Shi. 2011)** criaram partículas de SF com um diâmetro médio de 980 nm, utilizando álcool polivinílico (PVA) como emulsionante durante todo o processo de criação das partículas, a fim de impedir a aglomeração das partículas de seda. Em resumo, o etanol e a solução de SF foram cuidadosamente combinados e agitados em vórtice durante dez segundos. Após a adição da solução de PVA, a combinação seda/etanol foi agitada em vórtex durante mais dez segundos. Por fim, a solução ternária foi congelada durante um dia inteiro para criar partículas de SF.

## 7.2. Salga

A salga de uma solução proteica para criar coacervados proteicos é um método simples para criar nanopartículas à base de proteínas. As proteínas possuem regiões hidrofílicas e hidrofóbicas. As proteínas podem estabelecer ligações de hidrogénio com moléculas de água próximas através de interacções com componentes hidrofóbicos. A barreira de água entre as moléculas de proteína é quebrada e as interacções proteína-proteína aumentam quando a concentração de sal aumenta, porque algumas moléculas de água são atraídas para os iões de sal. Como resultado, as moléculas de proteína precipitam da solução e juntam-se, desenvolvendo contactos hidrofóbicos entre si.

Ao salgar com fosfato de potássio (>0,75 m), **(Lammel 2010)** relatou a síntese de nanopartículas de SF com um diâmetro médio de 486~1200 nm num procedimento totalmente aquoso. O diagrama esquemático da técnica de salga para a preparação de nanopartículas de SF é apresentado na Figura 6. Em resumo, o fosfato de potássio foi combinado com a solução de fibroína de seda. As partículas finais, que puderam ser recuperadas por centrifugação, foram então mantidas no frigorífico durante duas horas. Podem surgir partículas maiores se se aumentar a concentração de SF e se se utilizar 1,25 m de fosfato de potássio (pH 8). As partículas de SF foram preenchidas com as pequenas moléculas de modelos farmacêuticos, tais como violeta de cristal, rodamina B e azul de alcian, por absorção direta baseada em interacções electrostáticas. A caraterística de libertação controlada das nanopartículas de SF carregadas com fármacos depende das interacções carga-carga entre os fármacos e o SF.

### 7.3. Tecnologias de fluidos supercríticos

Recentemente, tecnologias inovadoras de fluidos supercríticos (SCF) surgiram como substitutos viáveis para os métodos tradicionais de produção de partículas, contornando as desvantagens das abordagens tradicionais **(Chen, A.Z. 2012)**. Os materiais a pressão e temperatura acima dos respectivos valores críticos (Pc; Tc) são referidos como fluidos supercríticos (SCFs). Os SCFs podem dissolver materiais como um líquido e permear materiais como um gás, de acordo com as suas características termofísicas especiais. Devido às suas condições críticas favoráveis (Tc = 31,1 °C, Pc = 7,38 MPa), não toxicidade, não inflamabilidade e baixo custo do ponto de vista das aplicações farmacêuticas, nutracêuticas e alimentares, o $CO_2$ supercrítico ($scCO_2$ ) é o mais amplamente utilizado de todos os SCFs possíveis e demonstrou ter um grande potencial no domínio da micronização de materiais **(Chen, A.Z. 2012)**.

A rápida expansão de soluções supercríticas (RESS), partículas de soluções ou suspensões saturadas de gás (PGSS) e antisolvente de gás ou fluido supercrítico (GAS ou SAS) são atualmente os métodos mais utilizados para a produção de partículas utilizando scCO2 **(Zhao, Z. 2014)**. Para criar micro ou nanopartículas, em particular, a dispersão melhorada por solução de fluidos supercríticos (SEDS), uma abordagem SAS modificada, tem sido frequentemente utilizada. O desenho esquemático do procedimento SEDS utilizado para criar nanopartículas de SF é apresentado na Figura 7. Utilizando um bocal coaxial especificamente fabricado, a solução que contém o soluto e o scCO2 é atomizada de modo a produzir gotículas minúsculas e melhorar a mistura, o que, por sua vez, aumenta as taxas de transferência de massa. Neste procedimento, o scCO2 e uma solução são introduzidos no recipiente de alta pressão, onde a temperatura e a pressão são reguladas, através de um bocal que inclui duas passagens coaxiais **(Chen, A.Z. 2011)**. A separação de fases e a super saturação da solução polimérica ocorrem quando a solução entra em contacto com o scCO2 devido à elevada velocidade do scCO2, que também aumenta instantaneamente a transferência de massa e a difusão mútua entre os SCF e as gotículas **(Suo, Q.L. 2005)**. Isto provoca a nucleação e a precipitação da partícula de polímero. Um contra-solvente, ou scCO2, é utilizado no processo SEDS. Além disso, para melhorar a transferência de massa entre os SCF e as gotículas, o scCO2 é utilizado como "agente dispersante", o que resulta na criação de partículas muito pequenas. Além disso, os parâmetros do processo SEDS, como a concentração do soluto, o caudal da solução, a temperatura e a pressão do scCO2, podem ser alterados para regular a distribuição e a forma do tamanho das partículas do polímero.

A primeira preparação eficaz de nanopartículas de SF com um tamanho de partícula de cerca de 50 nm foi conseguida por **(Zhao. 2014)** utilizando a dispersão melhorada em solução por scCO2 (SEDS). O tamanho das partículas e o mecanismo de produção de nanopartículas de SF foram examinados em relação aos parâmetros do processo. Os resultados mostraram que, embora a pressão de precipitação tenha um impacto negativo, a temperatura de precipitação, a concentração e o caudal da solução de SF tiveram efeitos favoráveis. A produção e proliferação de núcleos de SF na fase miscível gasosa, que se desenvolveu a partir das gotículas iniciais produzidas pela divisão da fase líquido-líquido, clarificou o processo subjacente à síntese de nanopartículas.

As nanopartículas de SF carregadas com indometacina (IDMC) foram sintetizadas por **(Zhao 2013)** usando a técnica SEDS, a fim de usá-las como transportadores de drogas. De acordo com os resultados, as nanopartículas de SF demonstraram uma biocompatibilidade excecional, bem como características de absorção celular dependentes da concentração e do tempo. A carga de fármaco (DL) e a eficiência de encapsulamento (EE) das nanopartículas de IDMC-SF foram estimadas em cerca de 19,86% e 6,11%, respetivamente, com base numa experiência de carga de IDMC. Após o tratamento com etanol, a DL e a EE das nanopartículas de IDMC-SF baixaram para 2,05% e 10,23%, respetivamente.

A libertação cumulativa de IDMC das nanopartículas de IDMC-SF foi de 61,15% após 6 horas e atingiu 87% após 24 horas, de acordo com uma experiência de libertação do medicamento in vitro. Depois disso, houve apenas um aumento de 5% na libertação do medicamento ao longo das 24 horas seguintes. Evidentemente, o medicamento é libertado de forma constante e sem um efeito de explosão. Em resumo, as nanopartículas de SF produzidas através do método SEDS têm potencial para serem utilizadas como transportadores de medicamentos na indústria biomédica.


### 7.4. Electrospraying

A electrospraying, também conhecida como pulverização electro-hidrodinâmica, é uma técnica recentemente desenvolvida para produzir nanopartículas rapidamente e em grandes quantidades, utilizando forças eléctricas para atomizar líquidos. O diagrama esquemático da técnica de electrospraying para a preparação de nanopartículas de SF é apresentado na Figura 8. Na electrospraying, o campo elétrico força o líquido a dispersarse em gotículas minúsculas à medida que sai de um bocal capilar, que é mantido a um elevado potencial elétrico **(Wu, Y. 2009)**.

Ao utilizar o método de electrospraying, **(Gholami. 2008)** produziu nanopartículas de SF com uma forma esférica consistente e um tamanho médio de partícula tão baixo quanto 80 nm. O tamanho médio das partículas das nanopartículas de SF aumenta com a taxa de alimentação, a distância agulha-coletor e a concentração da solução de SF. Até 20 kV, o aumento da tensão reduziu o tamanho das partículas; no entanto, a 25 e 30 kV, o tamanho médio das partículas aumentou. As nanopartículas de SF resultantes têm um índice de cristalinidade reduzido e uma estrutura em folha β dos filamentos de fibroína. Ao longo do procedimento de electrospraying, não se verificou qualquer alteração no grupo funcional.

**(Qu. 2014)** utilizaram a técnica de electrospray de alta voltagem para criar nanopartículas de SF com diâmetros que variam entre 59 e 75 nm. Além disso, a troca de ligações de coordenação metal-polímero foi utilizada para inserir cis-diamminedichlorochloroplatinum(II) (CDDP) em nanopartículas de SF. Este trabalho proporcionou uma nova abordagem para o fabrico de nanopartículas de SF carregadas com CDDP, bem como um novo meio de administração de medicamentos clínicos para o tratamento do cancro da mama.

## 7.5. Cominuição mecânica

O processo de redução de materiais sólidos por trituração, moagem, trituração, etc. a um tamanho médio reduzido de partículas é conhecido como cominuição. Com a utilização de auxiliares de moagem, a abordagem implica normalmente uma moagem a seco ou húmida de alta energia com períodos de moagem que variam de várias horas a vários dias **(H.; Moradi, A.R. 2011)**. O diagrama esquemático do método de cominuição mecânica da preparação de partículas é apresentado na Figura 9. O procedimento é simples de utilizar e expandir. No entanto, ainda há problemas com a capacidade do método de garantir que cada partícula seja adequadamente moída. Com tempos de moagem mais longos, podem surgir contaminantes adicionais. Além disso, existe uma grande variação de tamanhos de partículas. Além disso, os contaminantes e quaisquer auxiliares de moagem utilizados durante o processamento devem ser eliminados **(Tsuzuki, T. 2009)**.

Utilizando moagem rotativa e de bolas, **(Rajkhowa. 2008)** produziu nanopartículas de SF com um tamanho médio de partícula baseado no volume (0,5 nm) de cerca de 200 nm. Em resumo, foram utilizados moinhos de bolas rotativos e planetários para triturar as fibras de seda degomadas em pequenos pedaços. A taxa de fragmentação da seda foi acelerada pela degomagem forçada, o que também levou a um aumento na agregação de partículas de SF. A água foi útil quando a moagem com bolas estava a ser feita. Utilizando um atritor e um moinho de jato, Rajkhowa et al. produziram pó de seda ultrafino com um tamanho de partícula baseado no volume (0,5 nm) de cerca de 700 nm **(Rajkhowa, R. 2009)**. O processo envolve o corte da seda degomada, seguido cronologicamente por moagem em atritor húmido, secagem por pulverização e moagem por jato de ar. As bolas no atritor são agitadas dentro de um recipiente fixo, por oposição a um recipiente rotativo utilizado no moinho de bolas planetário utilizado no estudo anterior **(Rajkhowa, R. 2008)**. Isto permite um movimento mais errático e a rotação do meio em comparação com a moagem de bolas, o que aumenta a força de cisalhamento e aumenta a frequência das colisões de partículas/meios.

As nanopartículas de SF foram criadas por **(Kazemimostaghim. 2013)** utilizando uma mistura de métodos de moagem de esferas e atritor. Primeiro, foi utilizada a hidrólise alcalina para desgomar as fibras de seda. Posteriormente, a moagem attritor foi utilizada para criar nanopartículas de SF com um tamanho de partícula mediano de volume (0,5 μm) de 7 μm de diâmetro. A moagem de esferas foi então utilizada para minimizar a dispersão do tamanho das partículas para cerca de 200 nm. O tamanho das partículas foi regulado através da variação da duração da moagem e do pH. No entanto, um pH elevado pode danificar quimicamente a seda. Para resolver o problema da degradação alcalina, **(Kazemimostaghim. 2013)** criou nanopartículas de SF por moagem de esferas com a utilização de Tween 80, um surfactante biocompatível. Na moagem de partículas submicrónicas, o tensioativo pode ajudar a evitar a agregação e auxiliar a moagem em vez de utilizar cargas repelentes a pH elevado. Em resumo, a moagem atritante de fragmentos de seda produziu partículas precursoras de seda com um tamanho médio de partícula volumétrica (0,5 μm) de cerca de 7 μm. Tween 80 e pérolas de 0,5 mm foram então utilizados para moer as partículas precursoras. As nanopartículas de SF com uma distribuição estreita do tamanho das partículas inferior a 200 nm foram criadas adicionando 30% de Tween 80 ao peso do pó.

## 7.6. Método de microemulsão

Uma microemulsão é uma dispersão de dois líquidos imiscíveis (óleo e água) que é termodinamicamente estável e é auxiliada por um surfactante **(Sager, W.F. 1998)**. As moléculas de tensioativo recolhidas no contacto óleo-água estabilizam pequenas gotículas de um líquido no outro. As duas principais categorias de microemulsões são água-em-óleo (w/o), óleo em água (o/w) e água em scCO2 (w/ scCO2). A fase aquosa das microemulsões água-óleo gera gotículas de dimensão nanométrica numa fase contínua à base de hidrocarbonetos e situa-se normalmente em torno do vértice do óleo de um diagrama de fases triangular que representa a água, o óleo e o tensioativo. Aqui, a auto-montagem do tensioativo, impulsionada pela termodinâmica, produz agregados denominados micelas invertidas ou reversas. A área de superfície pode ser reduzida utilizando micelas invertidas esféricas **(Ekwall, P. 1970)**. O precipitado pode ser extraído da microemulsão por filtração ou centrifugação da mistura após a adição de um solvente, como o etanol. O melhor controlo da dimensão das partículas é a principal vantagem desta abordagem, que pode ser obtida variando o tipo e a concentração do co-surfactante e do surfactante, a fase oleosa ou as circunstâncias durante a reação.

A síntese de nanopartículas de SF utilizando uma abordagem de microemulsão w/o foi descrita por **(Myung. 2008)**. O desenho esquemático do processo de microemulsão utilizado para criar nanopartículas de SF é apresentado na Figura 10. O Triton X-100 é utilizado como surfactante neste processo. Primeiro, enquanto se agitava, a solução aquosa de SF foi adicionada à mistura de ciclo-hexano Triton X-100. Subsequentemente, foi utilizada uma combinação de etanol e metanol para eliminar o tensioativo, perturbar a microemulsão e recuperar as partículas. Para além disso, foram produzidas nanopartículas de SF encapsuladas em corante fluorescente através da combinação de uma solução de corante colorido (rodamina B) com a solução aquosa de SF. O tamanho médio das nanopartículas de SF, tanto com como sem corante fluorescente, era de cerca de 167-169 nm. As moléculas fluorescentes nas nanopartículas de SF mostraram-se estáveis, sugerindo que estas nanopartículas podem ser utilizadas nos domínios da imagiologia molecular e dos bioensaios.

## 7.7. Campos eléctricos

Leisk et al. descreveram  um hidrogel eletricamente mediado (e-gel) a partir de SF. Depois de liofilizadas a -80 °C, as amostras de e-gel apresentavam estruturas micelares, à escala do micrómetro, esféricas e alargadas **(Eastoe, J. 2006)**. De acordo com **(Lu Q, 2011)**, a produção de nanopartículas de SF, que têm diâmetros da ordem das dezenas de nanómetros, é uma fase crucial no processo de criação do e-gel. Devido ao rastreio da carga superficial negativa provocado pelo campo elétrico, as nanopartículas agregaram-se para formar nano ou microesferas nos eléctrodos positivos. Isto teria impedido a auto-montagem intermolecular de SF numa solução neutra. Com base na investigação acima referida, **(Huang 2011)** criou um sistema de gel de SF (e-gel) com microesferas de SF com diâmetros entre 200 nm e 3 µm sob campos eléctricos modestos. O diagrama esquemático para a abordagem de campos eléctricos da produção de nanopartículas de SF é apresentado na Figura 11. Em resumo, a solução de SF foi incubada durante 6, 12, 24, 48 e 72 horas a 70 °C em cinco grupos. Depois disso, os eléctrodos foram submersos numa solução aquosa de SF (0,8 wt %) e dois eléctrodos condutores foram submetidos a uma corrente contínua de 25 V durante três minutos. Alguns segundos após a aplicação da tensão, surgiu um gel percetível no elétrodo positivo. Após lavagem com H2O duplamente destilada, os géis SF foram submersos em azoto líquido. Finalmente, a liofilização foi utilizada para criar as microesferas de SF. Foram produzidas nanopartículas de SF com um diâmetro de 300 nm após um tratamento térmico de 6 horas a 70 °C. Algumas nanopartículas de SF com um diâmetro de 500 nm desenvolveram-se após tratamento térmico a 70 °C durante 6-24 horas. Podem ser criadas microesferas de SF com um diâmetro de 2-3 µm prolongando o tratamento térmico para 48-72 horas. Como resultado, ao ajustar o período de incubação a 70 °C, o tamanho das microesferas foi regulado de cerca de 200 nm para 3 µm. É possível criar microesferas de SF contendo isotiocianato de fluoresceína (FITC-BSA) misturando albumina de soro bovino marcada com FITC-BSA numa solução de SF. Dadas as condições de preparação suaves, a técnica de criação de sistemas SF carregados com fármacos pode ser utilizada para carregar negativamente proteínas e terapias genéticas.


## 7.8. Técnica de micropontos capilares

**(Gupta 2009)** utilizou a abordagem de micropontos capilares para fabricar nanopartículas de curcumina encapsuladas em SF que eram mais pequenas do que 100 nm. O diagrama esquemático do método de micropontos capilares para a preparação de nanopartículas de SF é apresentado na Figura 12. Em poucas palavras, a solução de SF foi misturada com curcumina para criar uma suspensão de fármaco. Em seguida, foi utilizado um microcapilar para verter a suspensão em lâminas de vidro. Depois disso, as lâminas foram liofilizadas e congeladas durante a noite. Depois de serem raspadas das lâminas, as manchas secas resultantes contendo nanopartículas de curcumina encapsuladas em SF cristalizaram após serem tratadas com metanol. Após terem sido recolhidas por centrifugação, as nanopartículas foram suspensas em solução salina tamponada com fosfato (PBS) para posterior exame, depois de terem sido lavadas com PBS.

## 7.9. Método da película de mistura de PVA

Para separar a solução de SF em micro e nanopartículas em películas de mistura de SF/PVA com uma relação de peso de 1/1 a 1/4, Wang et al. relataram a criação de partículas de SF com tamanho de partícula ajustável (500 nm~2 mm) e forma utilizando PVA como fase contínua **(Leisk, G.G. 2010)**. A separação de fases entre o SF e o álcool polivinílico (PVA) serviu de base para o método. O diagrama esquemático da técnica de película de mistura de PVA para a preparação de nanopartículas de SF é apresentado na Figura 13. Em resumo, a solução de mistura SF/PVA foi inicialmente seca numa película. Depois, dissolvendo a película em água e centrifugando a mistura para extrair o PVA, podem ser criadas partículas de SF insolúveis em água. Como apenas água e PVA, um material aprovado pela FDA, foram usados no procedimento, ele foi ecologicamente benigno. Podem ser produzidas partículas de SF de diferentes tamanhos, variando a quantidade de SF e PVA ou utilizando ultra-sons na solução de mistura. Os medicamentos modelo podem ser misturados com a solução original de SF para carregar o fármaco em partículas de SF. As aplicações biológicas podem beneficiar da utilização destas partículas de SF como transportadores de fármacos.

## 8.1. Libertação de pequenas moléculas

O SF líquido, que pode ser moldado em filmes, gel, pó e fibras, pode ser criado pela dissolução do SF em altas concentrações de sais neutros **(Wang, X. 2010, Yan HB, 2009)**. A regulação da degradação do SF é efectuada através de alterações de reticulação no peso molecular ou cristalinidade, e outras variáveis. A administração de fármacos utilizando sistemas baseados em SF tem vindo a ganhar terreno. Por exemplo, as NPs de SF carregadas com doxorrubicina foram investigadas por **(Seib FP 2013)** como um estímulo responsivo à nanomedicina do cancro. Uma vez que as NPs SF apresentam uma libertação in vitro dependente do pH, podem ser carregadas com fármacos com potencial valor terapêutico. As diferentes qualidades de libertação de fármacos resultam dos efeitos da carga e da hidrofobicidade no carregamento e distribuição de fármacos nestes sistemas à base de SF **(Seib FP 2013)**. Os nano sistemas baseados em SF têm sido utilizados em vários campos por muitos cientistas para obter melhores resultados. 6.1. Entrega de pequenas moléculas Dado o facto de a maioria dos fármacos no mercado serem pequenas moléculas, estas apresentam, no entanto, vários inconvenientes, incluindo hidrofobicidade, permeabilidade limitada, meia-vida curta, direcionamento não específico, distribuição e resistência aos fármacos logo após o primeiro tratamento. Estas dificuldades podem ser eficazmente resolvidas pelas NPs. As NPs com uma gama de tamanhos de 10-200 nm são normalmente utilizadas para prolongar o período de circulação sistémica. As NPs maiores do que 200 nm são maioritariamente removidas através do sistema endotelial tético, mas as NPs menores do que 10 nm podem ser removidas através do rim. Devido à sua versatilidade, as SFNP estão a ser cada vez mais utilizadas como mecanismo de entrega de vários compostos de pequena dimensão. No entanto, como se refere mais adiante, a maior parte da investigação centra-se no tratamento do cancro e na luta contra a inflamação. Consequentemente, outras áreas, em particular as doenças crónicas, estão em aberto e são desesperadamente necessárias [84]. Assim, existe uma grande procura em vários domínios, especialmente nas doenças crónicas [84].

## 8.2. Administração de insulina

O passo mais importante no tratamento de pessoas com diabetes mellitus insulino-dependente é a administração de insulina. Quase todos os métodos de administração, incluindo parentérica, tópica e oral, foram testados pelos investigadores. No entanto, a insulina perde a sua ação e é hidrolisada por proteases num curto espaço de tempo **(Wang, X. 2010)**. De acordo com Hai Bo et al., o SF derivado de *Bombyxmori* é uma proteína bimolecular que exibe uma biocompatibilidade excecional. Eles criaram NPs cristalinas de SF tratando SF líquido com acetona e conjugando essas NPs com insulina, usando glutaraldeído como um ligante. Quando examinado in vitro, este procedimento aumentou a estabilidade do polipeptídeo no soro humano e na tripsina. Os conjugados insulina-SF purificados podem também ser facilmente obtidos por centrifugação repetida da mistura. De acordo com as suas descobertas, a meia-vida destes conjugados de insulina SF foi aproximadamente 2,5 vezes mais longa do que a da insulina normal. Como resultado, a SF tem um interesse oculto na criação de sistemas conjugados para enzimas de entrega de polipeptídeos **(Wang, X. 2010)**.

## 8.3. Entrega de oculardos

O órgão ocular possui uma anatomia e sistemas de defesa distintos. Como resultado, os medicamentos oculares têm menor biodisponibilidade. Os sistemas mucoadesivos podem ser utilizados para aumentar a eficácia dos medicamentos oculares. Yixuan Dong e colaboradores sintetizaram lipossomas revestidos com SF para administração de medicamentos oculares. Foram produzidos lipossomas revestidos com SF (SFL) contendo ibuprofeno. Estes SFLs demonstraram a libertação contínua do fármaco. É possível alterar as propriedades de permeação variando a cadeia proteica e a concentração de SF. Quando o potencial zeta dos lipossomas padrão foi medido, revelou uma carga positiva. Com um ponto isoelétrico entre 3,8 e 3,9, a SF estava carregada negativamente e formava contactos electrostáticos com os lipossomas. O SF tem uma excelente capacidade de ligação aos proteoglicanos e às glicoproteínas. A ligação do SF à camada de mucopolissacarídeos no lado externo da célula poderia aumentar a ligação das plataformas de entrega de fármacos SF à superfície celular. Os seus resultados indicaram a eficiência e segurança do SF como biomaterial em sistemas de administração de fármacos oculares. As FLS podem ser uma abordagem promissora no desenvolvimento de plataformas oftálmicas de administração de fármacos. O revestimento de SF em lipossomas pode ser aumentado pelo uso de colesterol. As interacções da cadeia de fibrina aumentaram com o aumento da concentração ou da temperatura do SF, formando uma estrutura de folha β de alto grau, e a libertação do fármaco pode variar como resultado **(Hoshyar N, 2016)**.

## 8.4. Entrega de genes

SF tem demonstrado biocompatibilidade, resistência à DNase e excelente eficiência de transfecção. Estas qualidades fazem do SF o vetor polimérico recomendado para a entrega de genes. Além disso, o SF pode ser geneticamente modificado para oferecer novas características que são adequadas para o uso pretendido. É necessária uma melhor especificidade para uma terapia do cancro mais eficaz, embora os vectores de entrega de genes baseados em seda tenham demonstrado uma forte eficiência de transfecção e um nível respeitável de especificidade. Utilizando proteínas de seda recombinantes com uma concentração relativamente elevada de péptidos de orientação tumoral (THP) (25 mol por cento, 3,4 kDa/13,6 kDa), foram introduzidos os péptidos F3 e Lyp1 para gerar uma técnica melhorada de entrega de genes baseada em seda. O péptido F3 liga-se especificamente às células cancerosas MDA-MB-435, enquanto o Lyp1 se liga exclusivamente aos linfáticos tumorais e tem a capacidade de provocar a apoptose das células MDA-MB-435. A técnica recentemente desenvolvida transferiu com sucesso o pDNA para células cancerígenas com um elevado grau de precisão. Recentemente, Song et al. realizaram uma investigação sobre a entrega de oligodesoxinucleótidos (ODNs) a células cancerígenas da mama MDA-MB-231. Quando adicionado à formulação de NP, o SF não só aumentou a absorção celular do ODN em 70%, mas também diminuiu significativamente a citotoxicidade do ODN. Os péptidos de penetração celular (PCC) também têm sido utilizados em métodos de entrega de genes baseados no SF devido à sua capacidade de penetrar ou romper as membranas celulares. Os CCP são um dos componentes que devem ser escolhidos para permitir a endocitose das partículas dependente da clatrina, a fim de construir um transportador não viral para a entrega de genes **(Wang X, 2008)**.

## 8.5. Administração de medicamentos anticancerígenos

Um novo medicamento ou um novo método de administração deve ser cuidadosamente concebido para ter em conta os muitos obstáculos à administração de medicamentos no local do tumor. A eficácia e a potência dos medicamentos no local do tumor são determinadas pela via de administração **(Song W, 2019)**. A administração de medicamentos às células tumorais apresenta várias dificuldades, incluindo a absorção e retenção limitadas de medicamentos no local do tumor, bem como danos às células normais. Por serem extremamente biocompatíveis e biodegradáveis, as NPs feitas de polímeros naturais, particularmente a seda, desempenham um papel significativo na administração de medicamentos **(Kim U-J, 2005)**. Hui Li et al. produziram NPs à base de SF carregadas com fluorouracil (FU) e curcumina. Não é possível empregar curcumina em soluções aquosas devido à sua baixa solubilidade em água. No entanto, a capacidade das NPs de SF para transportar e distribuir medicamentos em soluções aquosas aumenta a eficácia da medicação no tratamento do cancro. Além disso, a injeção de curcumina causa apoptose quando são produzidos ROS. Ao concentrar-se na morte ligada ao stress do ER e à mitocôndria, este ROS pode ser um interveniente-chave na ativação da apoptose das células tumorais. Em comparação com os medicamentos na sua forma livre, as suas descobertas mostraram que estas SFNPs tinham um impacto anti-cancro superior. Além disso, com a capacidade de libertação controlada, as SF NPs facilitaram a penetração de uma maior quantidade de medicamentos nas células tumorais. Talvez como resultado, as células cancerosas sofreram apoptose. Após a administração destas NPs, observou-se um maior número de células apoptóticas, de acordo com uma análise utilizando a coloração de hematoxilina e eosina.De acordo com a investigação em animais, a injeção destas SFNPs carregadas com 5-FU e curcumina pode reduzir drasticamente os tumores. Os investigadores chegaram à conclusão de que estas estruturas poliméricas de auto-montagem proporcionariam uma abordagem flexível para a terapia do cancro **(Li H, 2016)**. A cisplatina, um medicamento quimioterapêutico com forte atividade antitumoral, é o mais frequentemente utilizado. É utilizada no tratamento do osteossarcoma, do cancro do pulmão e do cancro do ovário. No entanto, este medicamento de quimioterapia espalha-se rapidamente pelas células saudáveis. Liga-se ao ADN e impede a duplicação do ADN. Outros efeitos adversos deste medicamento incluem neurovirulência, toxicidade hepática e dor no TGI **(Mulik RS, 2010)**. Os nanocarreadores têm sido amplamente utilizados para melhorar a retenção da cisplatina no local do tumor e diminuir os seus efeitos negativos devido à sua grande área de superfície e propriedade de carga do fármaco **(El-Awady E-SE, 2011).** O ritmo de biodegradação do SF pode ser controlado pelo ajuste do seu peso molecular, reticulação e cristalinidade **(Kim J-H, 2008)**. As cadeias laterais carboxílicas dos ácidos asparagínico e glutâmico na SF proporcionam sítios de ligação de ligandos para o carregamento de fármacos. Através de uma interação entre o polímero natural SF e a cisplatina, a cisplatina foi carregada em SFNPs. Através da troca de ligantes, o Pt-Cl da cisplatina interagiu com os grupos carboxílicos do SF, diminuindo significativamente a concentração dos grupos COO-. Como o SF tem uma baixa nucleofilicidade, a ligação entre ele e a Cisplatina é reversível. Com a utilização destas NPs, a cisplatina pode ser libertada de forma contínua até 15 dias. A citotoxicidade destas NPs foi investigada invitro utilizando células fibroblásticas de rato (L929), um tipo de célula de tecido normal, e células A549 de cancro do pulmão. A libertação constante de cisplatina encapsulada nas NPs impediu um aumento rápido da quantidade de cisplatina livre em torno das células normais. As NPs de SF carregadas com cisplatina provocaram a apoptose das células cancerosas, uma vez que as células A549 do cancro do pulmão conseguiram ingeri-las facilmente por endocitose por adsorção, mas devido à sua dificuldade de internalização, estas NPs não limitaram eficazmente a proliferação celular em fibroblastos murinos L929. Esta investigação sugere que as NPs baseadas em SF apresentam uma supressão direccionada e duradoura das células tumorais **(Li M-Y, 2013)**. Por causa de todas essas qualidades, as NPs SF são uma estratégia viável de entrega de medicamentos para o tratamento de pulmão e outras doenças malignas. As camadas de folhas antiparalelas constituem os domínios hidrofóbicos do SF. Ao tratá-la com uma solução de carbonato de sódio em ebulição, a sericina pode ser eliminada, permitindo a purificação. Com a sua reação inflamatória ligeira e respostas biológicas ajustáveis, este SF sem sericina tem utilizações notáveis **(Ding D, 2011)**. Devido às características e qualidades únicas de processamento do SF, incluindo elasticidade e resistência, ele é mais usado nos campos biomédicos **(Chi N-H, 2013)**. A matriz extracelular, as artérias sanguíneas e as células constituem o microambiente tumoral **(Omenetto FG, 2010)**. Os tumores do tecido epitelial representam cerca de 85% da maioria dos tipos de tumores, pelo que é necessário ter muito cuidado ao criar nanocarreadores com a carga e o tamanho adequados para atingir as células cancerosas, uma vez que os rins e o fígado, dois órgãos importantes para o funcionamento, são constituídos por endotélio fenestrado **(Quail DF, 2013)**. A absorção de NPs de quitosana SF (SF-CN) por células hepáticas foi investigada por Ming Hui Yang et al. Esta SF-CN tem recebido uma atenção crescente como transportadores quimioterapêuticos devido à suastabilidade, simplicidade de fabrico e variedade de métodos de entrega. Estas NPs têm como alvo as células tumorais através de um efeito de retenção de permeabilidade aumentada. Esta SF-CN acumula-se nas áreas danificadas das células devido a interacções hidrofóbicas. Foi avaliado se os derivados baseados em SF poderiam ser usados em aplicações biológicas. A absorção celular de HepG2 foi observada quando o SF-CN foi alterado com SF para melhorar as respostas celulares. Utilizando técnicas proteómicas, descobriram que este SF-CN poderia não ser prejudicial para as células HepG2. Em contraste com as NPs à base de metal ou de óxido de metal, as CSNPs e as SF-CSNPs não eram tóxicas. Adicionalmente, ofereceram uma nova técnica para identificar proteínas enquanto avaliavam a reação das células hepáticas a um sistema polimérico. Estes nanosistemas podem ser considerados como agentes de distribuição anticancerígenos, mesmo que não tenham sido capazes de demonstrar a relevância da relação entre SF-CNP e o processo de mitose celular **(Ding D, 2011)**. A distribuição de medicamentos anticancerígenos utilizando dispositivos baseados em SF é apresentada na Figura 14.

## 8.6. Funcionalização de NPs de SF para a deteção do cancro

A maior relação área de superfície/volume das SFNPs em relação às partículas maiores é uma das suas principais vantagens. Para atingir as células cancerígenas com o mínimo de danos para as outras células e o efeito desejado nas células cancerígenas, é também crucial entregar APIs carregados na dose apropriada **(Danhier F, 2010)**. O SF contém muitos grupos amino activos que podem ser ligados a diferentes macromoléculas, tal como foi anteriormente referido **(Subia B, 2014)**. Para facilitar a administração de medicamentos específicos para tecidos, domínios de reconhecimento biológico, como a sequência RGD, folato e outros elementos biológicos, foram funcionalizados no SF. Além disso, o SF tem sido aplicado às superfícies de micropartículas poliméricas e lipossomas para melhorar a sua capacidade de aderir às células **(Kakar SS, 2012)**. Por exemplo, a modificação da superfície de NPs de seda com folato poderia ser usada como uma estratégia de direcionamento de tumor de maneira semelhante. A sequência Arg-Gly-Asp (RGD) funciona como um ligando para os receptores de integrina da superfície das células e pode ser acoplada a partículas de SF para melhorar a sua adesão às células cancerígenas que expressam integrinas em excesso **(Torchilin VP 2005)**. A incorporação de folato nas partículas de soro de leite aumentou a absorção celular das NPs, bem como a sua retenção no local do tumor **(Zhang Y, 2011)**.

**8.7. Aplicação funcional na indústria alimentar**

Foram apresentadas várias propostas de embalagens alimentares à base de seda no sector alimentar, o que demonstra as inúmeras utilizações potenciais do material. As frutas e os legumes têm sido utilizados na preservação de revestimentos à base de seda, como a seda SF e a seda de arrasto. Estes revestimentos protegem as qualidades físico-químicas e fitoquímicas das plantas, ao mesmo tempo que reduzem a transpiração, a respiração e as infecções microbianas **(P. J. Babu, A, 2021)**. O SF foi utilizado para criar uma solução proteica à base de água que se auto-monta após ser mergulhada nas refeições. O controlo pós-processamento à base de água permitiu modular os gases dispersos através da fina barreira de SF, um fator essencial para preservar a frescura dos alimentos. Ao reduzir as taxas de respiração celular e de evaporação da água, a fina barreira de SF, de dimensões micrométricas, que cobria a fruta, ajudou a preservar a fisiologia pós-colheita **(B. Marelli, M.A, 2016)**. Foi criada uma solução de revestimento através da hibridação de SF com álcool polivinílico (PVOH) numa proporção de 1:1. Ao aumentar o conteúdo da folha □, a hibridização controlou a barreira de gás e as características mecânicas do SF. A eficácia da utilização da solução como conservante alimentar foi avaliada utilizando uma maçã acabada de cortar. Uma estrutura de bicamada foi observada durante todo o processo de secagem, com o alimento e SF entrando em contato direto um com o outro, enquanto o PVOH formou uma segunda camada no topo da seda. Em comparação com os controlos não revestidos que foram mantidos a 4°C durante mais de 14 dias, as maçãs frescas revestidas apresentaram muito menos alterações de cor e perda de peso **(E. Ruggeri, D, 2020)**. De acordo com outro estudo, é possível criar um revestimento comestível que prolongaria a vida útil dos damascos e impediria a contaminação por fungos. Para uma solução de revestimento, a seda esterilizada que tinha sido degomada estava pronta. Os damascos frescos foram revestidos com a solução e, em seguida, foram recozidos com água em vários intervalos para aumentar a quantidade da folha □. Os damascos recozidos com água e revestidos tiveram uma vida útil de 14 dias, enquanto os damascos revestidos, mas não recozidos, não apresentaram infeção fúngica, mas uma perda substancial de água. Os damascos não revestidos mostraram sinais de deterioração após três dias, uma mudança na textura após quatro dias e um crescimento fúngico total após sete dias **(H.M. Tahir, N, 2019)**. Há relatos de que o uso promissor de resíduos de seda para fazer filmes finos tem um potencial real para o revestimento de alimentos. Foi estudada a utilização de películas finas de SF feitas a partir de resíduos de seda como revestimentos comestíveis de morango. Foram produzidos dois conjuntos de películas finas, um sem qualquer tratamento e o outro com um procedimento de recozimento em água. Os morangos revestidos com películas finas recozidas com água mostraram uma boa eficácia na redução da perda de peso sem sacrificar o seu atrativo estético. A fibroína de seda extraída do lixo não apresentou toxicidade metálica, de acordo com uma análise efectuada para verificar a contaminação por metais **(N. Jaramillo-Quiceno, 2020)**. Nos últimos anos, foram introduzidos e fabricados numerosos tipos de embalagens alimentares inteligentes e activas. Com a utilização de nanopartículas que podem melhorar as qualidades dos materiais atualmente disponíveis para a conservação e manutenção dos alimentos, o desenvolvimento da nanotecnologia para as embalagens alimentares tem-se revelado muito promissor **(P.J. Babu, 2021)**. Um hidrogel termorregulador feito de seda foi criado num estudo recente por Zhao e colegas como um material ativo de embalagem de produtos alimentares. Este composto de hidrogel era feito de SF, celulose e n-octadecano, que servia como um tampão de temperatura. Ao absorver a humidade de frutos sensíveis à temperatura, reduziu consideravelmente a taxa de deterioração dos alimentos. Tao et al. criaram um material de embalagem antimicrobiano utilizando um híbrido de SF/poli-álcool vinílico e nanopartículas de prata (AgNPs). A matriz criada pela combinação de SF e PVOH tinha qualidades mecânicas incríveis. Foi encontrada uma boa inibição contra patógenos de origem alimentar gram-positivos e gram-negativos na avaliação da atividade antimicrobiana usando essas bactérias, fornecendo mais alternativas para uso no campo de embalagens ativas **(G. Tao, 2017)**. Uma maior atividade antibacteriana foi encontrada em uma investigação diferente usando filmes SF incorporados com substâncias ativas, incluindo poli (óxido de etileno) (PEO) e óleo essencial de tomilho (TO). Durante sete dias, os produtos de frango podem ser protegidos contra a contaminação por Salmonella typhimurium utilizando nanofibras de SF-PEO e TO tratadas com plasma frio **(L. Lin, 2019)**. Utilizando fungos unicelulares e nanofibrilas de seda regeneradas produzidas por fermentação de leveduras, Valentini e colegas criaram um compósito híbrido para embalagens inteligentes de alimentos que monitorizam produtos sensíveis ao calor. Devido ao elevado coeficiente de expansão térmica do parafilme, que foi utilizado para laminar este compósito híbrido, este foi capaz de transitar entre dois estados: enrugado e sem rugas. Devido à resistência à compressão que a interface compósita SF/parafilme/levedura criou, o enrugamento foi observado depois de a superfície alimentar ter sido aplicada a uma temperatura elevada e arrefecida à temperatura ambiente. É possível desfazer o procedimento, e o aquecimento pode fazer com que o tecido fique novamente sem rugas. Devido à permeabilidade limitada à água das películas, **L. Valentini (2018)** descobriu que, ao ativar o metabolismo das bactérias presentes na seda regenerada, o prazo de validade aumentou para mais de sete dias.

<u>**9. Perspectivas**</u>

O SF é um polímero especial que tem uma grande variedade de aplicações devido às suas propriedades mecânicas, estruturas moleculares, morfologia e flexibilidade. Estas utilizações incluem o desenvolvimento, a construção e a administração de sistemas de administração de medicamentos. Um conjunto de critérios para interacções proteína-polímero em biomateriais é proposto pela taxa de degradação in vivo mais lenta do SF combinada com a sua personalização.

**<u>10. Conclusão e perspectivas futuras</u>**

Embora o potencial da seda como biopolímero para a engenharia de tecidos tenha sido exaustivamente investigado durante décadas, a sua aplicabilidade na administração de medicamentos só recentemente se tornou conhecida. Uma variedade de materiais que passarão por testes clínicos e aplicações serão inspirados pelo crescente corpo de investigação sobre o potencial da fibroína da seda como polímero biológico ativo.

A utilização de nanocompósitos de fibroína da seda como suportes na engenharia de tecidos é muito promissora. Tal deve-se às muitas configurações que podem ser construídas, à elevada estabilidade físico-químico associada à composição da estrutura de folha β elevada da fibroína da seda e à resiliência mecânica da fase inorgânica. Foi demonstrado que a fase inorgânica, que anteriormente se pensava ser um suporte essencialmente inerte, pode promover comportamentos celulares específicos. Em casos raros, pode mesmo oferecer defesa contra consequências negativas como inflamação prolongada ou infecções microbianas.

Na investigação biomédica, o aumento da eficácia e a diminuição dos efeitos secundários dos tratamentos têm sido o principal objetivo dos cientistas. Foram desenvolvidas e continuam a ser desenvolvidas várias estratégias de distribuição de medicamentos. No entanto, são poucos os relatos de sistemas baseados em SF que atenuem os efeitos negativos das técnicas de distribuição tradicionais. O SF é uma molécula promissora na investigação biomédica devido às suas características variadas, como referido anteriormente. Este capítulo do livro mostrou muitas estratégias e planos para utilizar o SF de células estaminais para melhorar a eficácia dos tratamentos. Mais recentemente, foram produzidos SF funcionalizados para a administração de fármacos direccionados. Os estudos sobre o cancro demonstraram que os tratamentos citotóxicos podem ser mais eficazes para matar especificamente os tumores, poupando as células saudáveis. Os sistemas baseados em SF podem assim proporcionar novas estratégias e oportunidades para obter melhores resultados. A possível utilização de SF nos sectores biológicos está a ser discutida e a tomar forma à medida que crescem as empresas com produtos comprovados e estudos clínicos em curso. Por conseguinte, as novas nanopartículas de seda podem atuar como um elo entre a indústria têxtil de outros tempos e as suas potenciais utilizações no mundo da medicina.

# REFERÊNCIAS

A.A.F. Fallah, E. Sarmast, S.H. Dehkordi, A. Isvand, H. Dini, T. Jafari, M. Soleimani, A.M. Khaneghah, (2022) Irradiação gama de baixa dose e revestimento nanocompósito biodegradável de pectina contendo nanopartículas de curcumina e nanoemulsão de óleo essencial de ajowan (Carum copticum) para armazenamento de lombos de cordeiro resfriados, Meat Sci. 184 https://doi.org/10.1016/j. meatsci.2021.108700.

A.Bitar, N.M. Ahmad, H. Fessi, et al., (2012) Nanopartículas à base de sílica para fins biomédicos
aplicações[J], Drug Discov. Today 17 (19-20) 1147-1154.

A. Gholamhosseinpour, S.M.B. Hashemi, K. Ghaffari, (2023) Qualidades físico-químicas e microbianas de Citrus reticulata cv. Bakraei revestido com goma de Lepidium sativum contendo óleo essencial de Echinophora cinerea nanoemulsionado durante a armazenagem a frio, Postharvest Biol. Technol. 199 (112275) https:// doi.org/10.1016/j.postharvbio.2023.112275.

A.R. Murphy, D.L. Kaplan, (2009) Biomedical applications of chemically-modified silk fibroin[ J], J. Mater. Chem. 19 (36) 6443-6450.

Altman, G.H.; Horan, R.L.; Lu, H.H.; Moreau, J.; Martin, I.; Richmond, J.C.; Kaplan, D.L (2002) Silk matrix for tissue engineered anterior cruciate ligaments. Biomaterials 23, 4131-4141. aplicações[J], Drug Discov. Today 17 (19-20) 1147-1154.

Bhrany, A.D.; Lien, C.J.; Beckstead, B.L.; Futran, N.D.; Muni, N.H.; Giachelli, C.M.; Ratner, B.D. (2008) Crosslinking of an oesophagus acellular matrix tissue sca_old. J. Tissue Eng. Regen. Med. 2, 365-372.

Bini, E.; Knight, D.P.; Kaplan, D.L. (2004) Mapeamento de estruturas de domínio em sedas de insectos e aranhas relacionadas com a montagem de proteínas. J. Mol. Biol. 335, 27-40.

B. Marelli, M.A. Brenckle, D.L. Kaplan, F.G. (2016) Omenetto, Silk fibroin as edible coating for perishable food preservation, Sci. Rep. 6 (1) 25263 .

Cao Y, Gu Y, Ma H, Bai J, Liu L, Zhao P et al (2010) Sistemas de administração de fármacos em nanopartículas automontadas a partir de conjugados de polissacáridos-doxorrubicina galactosilados carregados com doxorrubicina. Int J Biol Macromol 46(2):245-249.

Chen, A.Z.; Li, L.; Wang, S.B.; Lin, X.F.; Liu, Y.G.; Zhao, C.; Wang, G.Y.; Zhao, Z. (2012) Estudo de microesferas magnéticas Fe3O4-PLLA-PEG-PLLA baseadas em CO2 supercrítico: Preparação, caraterização físico-química e investigação de carregamento de drogas. J. Supercrit. Fluids, 67,139-148.

Chen, A.Z.; Li, L.; Wang, S.B.; Zhao, C.; Liu, Y.G.; Wang, G.Y.; Zhao, Z. (2012) Nanonização de metotrexato por dispersão melhorada em solução por CO2 supercrítico. J. Supercrit. Fluids 67, 7-13.

Chen, A.Z.; Zhao, Z.; Wang, S.B.; Li, Y.; Zhao, C.; Liu, Y.G. (2011) Um processo RESS contínuo para preparar micropartículas de PLA-PEG-PLA. J. Supercrit. Fluids 59, 92-97.

Chi N-H, Yang M-C, Chung T-W, Chou N-K, Wang S-S (2013) Reparação cardíaca utilizando adesivos de quitosano-hialuronano/fibroína de seda num modelo de coração de rato com enfarte do miocárdio. Carbohyd Polym 92(1):591-597.

C.P. Singh, R.L. Vaishna, A. Kakkar, K.P. Arunkumar, J. Nagaraju, (2014) Caracterização da atividade antiviral e antibacteriana das proteínas da seroína *de Bombyx mori*, Cell. Microbiol. 16 1354-1365.

Danhier F, Feron O, Preat V (2010) Explorar o microambiente tumoral: Alvo tumoral passivo e ativo de nanocarreadores para a administração de medicamentos anticancerígenos. J Control Release 148(2):135-146.

Ding D, Zhu Z, Liu Q, Wang J, Hu Y, Jiang X et al (2011) Nanopartículas de gelatina-poli(ácido acrílico) carregadas com cisplatina: Síntese, eficiência antitumoral in vivo e penetração em tumores. Eur J Pharm Biopharm 79(1):142-149.

Eastoe, J.; Hollamby, M.J.; Hudson, L. (2006) Avanços recentes na síntese de nanopartículas com micelas invertidas. Adv. Colloid Interface Sci. 128-130, 5-15.

Ekwall, P.; Mandell, L.; Solyom, P. (1970) A fase de solução com micelas invertidas no sistema brometo de cetiltrimetilamónio-hexanol-água. J. Colloid Interface Sci. 35, 266-272.

El-Awady E-SE, Moustafa YM, Abo-Elmatty DM, Radwan A (2011) Cisplatin-induced cardiotoxicity: Mechanisms and cardioprotective strategies (Mecanismos e estratégias cardioprotectoras). Eur J Pharmacol 650(1):335-41.

E. Ruggeri, D. Kim, Y. Cao, S. Farè, L. De Nardo, B. Marelli, (2020) Um revestimento comestível multicamadas para prolongar a vida útil dos produtos, ACS Sustain. Chem. Eng. 8 (38) 14312-14321 .

F. Xue, J. Liu, L. Guo, L. Zhang, Q. Li, (2015) Estudo teórico sobre a natureza bactericida de superfícies nanopadronizadas, J. Theor. Biol. 385 1-7.

Gholami, A.; Tavanai, Kang, Y.Q.; Yin, G.F.; Ping, O.Y.; Huang, Z.B.; Yao, Y.D.; Liao, X.M.; Chen, A.Z.; Pu, X.M.( 2008) Preparação de micropartículas de PLLA/PLGA utilizando dispersão melhorada em solução por fluidos supercríticos (SEDS). J. Colloid Interface Sci. 322, 87-94.

Guan, J.; Wang, Y.; Mortimer, B.; Holland, C.; Shao, Z.; Porter, D.; Vollrath, F. (2016) Transições vítreas em fibras de seda nativas estudadas por análise térmica mecânica dinâmica. Soft Matter. 12, 5926-5936.

Gupta, V.; Aseh, A.; Ríos, C.N.; Aggarwal, B.B.; Mathur, A.B.(2009) Fabrication and characterization of silk fibroin-derived curcumin nanoparticles for cancer therapy. Int. J. Nanomed. 4, 115-122.

G. Tao, R. Cai, Y. Wang, K. Song, P. Guo, P. Zhao, H. Zuo, H. He, (2017) Biossíntese e caraterização do filme AgNPs-seda/PVA para potencial aplicação em embalagens, Materials 10 (6) 667 (Basileia) .

H.; Moradi, A.R. (2011) Produção de nanopós de fibroína através de electrospraying. J. Nanopart. Res. 13, 2089-2098.

Hardy, J.G.; Romer, L.M.; Scheibel, T.R. (2008) Materiais poliméricos baseados em proteínas da seda. Polymer 49, 4309-4327.

H.M. Tahir, N. Pervez, J. Nadeem, A.A. Khan, Z. Hassan, (2019) O revestimento esculento de seda de aranha aumentou a preservação e o prazo de validade do damasco, Braz. J. Biol. 80 115-121 .

Horan, R.L.; Antle, K.; Collette, A.L.;Wang, Y.; Huang, J.; Moreau, J.E.; Volloch, V.; Kaplan, D.L.; Altman, G.H. (2005) In vitro degradation of silk fibroin. Biomaterials 26, 3385-3393.

Hoshyar N, Gray S, Han H, Bao G (2016) O efeito do tamanho das nanopartículas na farmacocinética in vivo e na interação celular. Nanomedicina 11(6):673-692.

Huang, Y.L.; Lu, Q.; Li, M.Z.; Zhang, B.; Zhu, H.S.(2011) Portadores de medicamentos em microesferas de fibroína de seda preparados sob campos eléctricos (em chinês). Chin. Sci. Bull. 56, 1013-1018.

Inoue, S.; Tanaka, K.; Arisaka, F.; Kimura, S.; Ohtomo, K.; Mizuno, S.( 2000) SF of B. mori is secreted, assembling a high molecular mass elementary unit consisting of H-chain, L-chain, and P25, with a 6:6:1 molar ratio. J. Biol. Chem. 275, 40517-40528.

I. Tontul, S. Turker, V. Eylz, (2020) O efeito dos revestimentos comestíveis nas características físicas e químicas das barras de chocolate, J. Food Measur. Charact. 14 1775-1783, https://doi.org/10.1007/s11694-020-00425-0.

J. Melke, S. Midha, S. Ghosh, et al., (2016) Silk fibroin as biomaterial for bone tissue engineering[ J], Ata Biomater. 31 1-16.

Jahanshahi, M.; Babaei, Z. (2008) Nanopartículas de proteínas: Um sistema único como veículo de entrega de medicamentos. J. Biotechnol. 7, 4926-4934.

Jin, H.J.; Chen, J.; Karageorgiou, V.; Altman, G.H.; Kaplan, D.L. (2004) Human bone marrow stromal cell responses on electrospun silk fibroin mats. Biomaterials 25, 1039-1047.

Jin, H.J.; Park, J.; Karageorgiou, V.; Kim, U.J.; Valluzzi, R.; Cebe, P.; Kaplan, D.L. (2005) Water-Stable Silk Films with Reduced β-Sheet Content. Adv. Funct. Mater. 15, 1241-1247.

J. Kaur, R. Rajkhowa, T. Afrin, T. Tsuzuki, X. Wang, (2014) Factos e mitos das propriedades antibacterianas da seda, Biopolymers 101 237-245.

J. Pandiarajan, B.P. Cathrin, T. Pratheep, M. Krishnan, (2011) Papel de defesa do casulo no bicho-da-seda *Bombyx mori* L, Rapid Commun. Espectrómetro de Massa. 25 3203-3206.

K. Numata, J. Hamasaki, B. Subramanian, et al., (2010) Entrega de genes mediada por proteínas de seda recombinantes com motivos catiónicos e de ligação celular [J], J. Control.Release 146 (1) 136-143.

Kakar SS, Jala VR, Fong MY (2012) Ação citotóxica sinérgica da cisplatina e do With after in A em linhas celulares de cancro do ovário. Biochem Biophys Res Commun 423(4):819- 825.

Kaplan, D.L.; Mello, S.M.; Arcidiacono, S.; Fossey, S.; Senecal, K.W.M. (1998) Protein Based Materials; McGrath, K.K.D., Ed.; Birkhauser: Boston, MA, EUA,; pp. 103-131.

Kazemimostaghim, M.; Rajkhowa, R.; Tsuzuki, T.; Wang, X. (2013) Produção de partículas de seda submicrónicas por moagem. Powder Technol. 241, 230-235.

Kazemimostaghim, M.; Rajkhowa, R.; Tsuzuki, T.; Wang, X. (2013) Pó de seda ultrafino a partir de moagem assistida por surfactante biocompatível. Powder Technol. 249, 253-257.

Kim J-H, Kim Y-S, Park K, Lee S, Nam HY, Min KH et al (2008) Eficácia antitumoral de nanopartículas de quitosano glicol carregadas com cisplatina em ratinhos portadores de tumor. J Control Release 127(1):41-49.

Kim U-J, Park J, Joo Kim H, Wada M, Kaplan DL (2005) Scaffolds tridimensionais de biomateriais derivados de água a partir de fibroína de seda. Biomaterials 26(15):2775-2785.

Kundu, B.; Kurland, N.E.; Bano, S.; Patra, C.; Engel, F.B.; Yadavalli, V.K.; Kundu, S.C. (2014) Silk proteins for biomedical applications: Perspectivas de bioengenharia. Prog. Polym. Sci. 39, 251-267.

Kundu, B.; Rajkhowa, R.; Kundu, S.C.; Wang, X. (2013) Biomateriais de fibroína de seda para regeneração de tecidos. Adv. Drug Deliv. Rev. 65, 457-470.

Kundu, B.; Rajkhowa, R.; Kundu, S.C.; Wang, X. (2013) Biomateriais de fibroína de seda para regeneração de tecidos. Adv. Drug Deliv. Rev. 65, 457-470.

Kundu, J.; Chung, Y.I.; Kim, Y.H.; Tae, G.; Kundu, S.C. (2010) Nanopartículas de fibroína de seda para captação celular e libertação controlada. Int. J. Pharm. 388, 242-250.

Kundu, J.; Chung, Y.I.; Kim, Y.H.; Tae, G.; Kundu, S.C.( 2010) Silk fibroin nanoparticles for cellular uptake and control release. Int. J. Pharm. 388, 242-250.

Kundu, J.; Chung, Y.I.; Kim, Y.H.; Tae, G.; Kundu, S.C.( 2010) Silk fibroin nanoparticles for cellular uptake and control release. Int. J. Pharm. 388, 242-250.

Kurland, N.E.; Drira, Z.; Yadavalli, V.K. (2012) Medição das propriedades nanomecânicas de biomoléculas utilizando microscopia de força atómica. Micron 43, 116-128.

L.D. Koh, Y. Cheng, C.P. Teng, et al., (2015) Estruturas, propriedades mecânicas e aplicações de materiais de fibroína de seda[J], Prog. Polym. Sci. 46 86-110.

Lammel, A.S.; Hu, X.; Park, S.H.; Kaplan, D.L.; Scheibel, T.R. (2010) Controlo das características das partículas de fibroína de seda para administração de medicamentos. Biomaterials 31, 4583-4591.

Leisk, G.G.; Lo, T.J.; Yucel, T.; Lu, Q.; Kaplan, D.L. (2010) Electrogelation for protein adhesives. Adv. Mater. 22, 711-715.

Li H, Tian J, Wu A, Wang J, Ge C, Sun Z (2016) Nanopartículas de fibroína de seda auto-montadas carregadas com fármacos binários no tratamento do carcinoma da mama. Int J Nanomed 11:4373.

Li M-Y, Zhao Y, Tong T, Hou X-H, Fang B-S, Wu S-Q et al (2013) Estudo do mecanismo de degradação da seda histórica chinesa (Bombyx mori) para efeitos de conservação. Polym Degrad Stab 98(3):727-735

Li, M.; Ogiso, M.; Minoura, N. (2003) Comportamento de degradação enzimática de folhas porosas de fibroína de seda. Biomaterials 24, 357-365.

Liu, B.; Song, Y.-W.; Jin, L.;Wang, Z.-J.; Pu, D.-Y.; Lin, S.-Q.; Zhou, C.; You, H.-J.; Ma, Y.; Li, J.-M.; et al. (2015) Silk structure and degradation. Colloids and Surfaces B. Biointerfaces 131, 122-128.

L. Lin, X. Liao, H. Cui, (2019) nanofibras de óleo essencial de tomilho/fibroína de seda tratadas com plasma frio contra Salmonella Typhimurium em carne de aves, Food Packag. Vida útil 21 100337.

Lohcharoenkal, W.; Wang L.; Chen Y.C.; Rojanasakul, Y. (2014) Nanopartículas de proteínas como transportadores de drogas para a terapia do cancro. Biomed. Res. Int. doi: 10.1155/2014/180549.

Lu, Q.; Hu, X.; Wang, X.; Kluge, J.A.; Lu, S.; Cebe, P.; Kaplan, D.L.( 2016) Filmes de seda insolúveis em água com estrutura de seda I. Ata. Biomater. 2010, 6, 1380-1387.

Lu, Q.; Huang, Y.; Li, M.; Zuo, B.; Lu, S.; Wang, J.; Zhu, H.; Kaplan, D.L.(2011) Silk fibroin electrogelation mechanisms. Ata Biomater. 7, 2394-2400.

Luo, K.; Yang, Y.; Shao, Z. (2016) Hidrogéis biocompatíveis à base de fibroína de seda fisicamente reticulados com alto desempenho mecânico. Adv. Funct. Mater. 26, 872-880.

Luo, Z.; Li, J.; Qu, J.; Sheng, W.; Yang, J.; Li, M. (2019) Fibroína de seda *Bombyx mori* cationizada como transportadora de entrega do plasmídeo de coexpressão VEGF165-Ang-1 para regeneração do tecido dérmico. J. Mater. Chem. B 7, 80-94.

L. Saidi, D. Duanis-Assaf, G. Ortal, D. Maurer, N. Alkan, E. Poverenov, (2021) Elicitação da resposta de defesa da fruta por revestimentos comestíveis activos incorporados com fenilalanina para melhorar a qualidade e a capacidade de armazenamento do abacate, Postharvest Biol. Technol. 174 https://doi.org/10.1016/ j.postharvbio.2020.111442.

L. Valentini, S. Bittolo Bon, N.M. Pugno, (2018) A combinação de microrganismos vivos com seda regenerada fornece filmes finos à base de nanofibrilas com estados enrugados sensíveis ao calor para embalagens inteligentes de alimentos, Nanomaterials 8 (7) 518 .

M. Tsukada, G. Freddi, Y. Gotoh, et al., (1994) Propriedades físicas e químicas de películas de fibroína de seda de tussah [J], J. Polym. Sci. B Polym. Phys. 32 (8) 1407-1412.

M.A. Hood, M. Mari, R. Munoz-Espi, (2014) Estratégias sintéticas na preparação de nanopartículas híbridas de polímeros/inorgânicos[J], Dent. Mater. 7 (5) 4057-4087.

Meinel, L.; Hofmann, S.; Karageorgiou, V.; Kirker-Head, C.; McCool, J.; Gronowicz, G.; Zichner, L.; Langer, R.; Vunjak-Novakovic, G.; Kaplan, D.L. (2005) The inflammatory responses to silk films in vitro and in vivo. Biomaterials 26, 147-155.

Melke, J.; Midha, S.; Ghosh, S.; Ito, K.; Hofmann, S. (2016) Silk fibroin as biomaterial for bone tissue engineering. Ata. Biomater. 31, 1-16.

Min, B.M.; Jeong, L.; Lee, K.Y.; Park, W.H. (2006) Nanofibras de fibroína de seda regeneradas: Alterações estruturais induzidas pelo vapor de água e seus efeitos no comportamento de células humanas normais. Macromol. Biosci. 6, 285-292. aplicações modernas [J], Dent. Mater. 3 (6) 3468-3517.

Mondal, M.; Trivedy, K.; Kumar, S.N. (2007) The silk proteins, sericin and fibroin in silkworm, *Bombyx mori* Linn-A review. Caspian J. Environ. Sci. 5, 63-76.

M. Torun, F. Ozdemir, (2022) Revestimentos de proteína do leite e zeína sobre dentes de alho descascados para prolongar o seu prazo de validade, Sci. Hortic. 291 1-9, https://doi.org/10.1016/ j.scienta.2021.110571.

Mulik RS, Monkkonen J, Juvonen RO, Mahadik KR, Paradkar AR (2010) Nanopartículas lipídicas sólidas mediadas por transferrina contendo curcumina: maior atividade anticancerígena in vitro por indução de apoptose. Int J Pharm 398(1-2):190-203.

Myung, S.J.; Kim, H-S.; Kim, Y.; Chen, P.; Jin, H-J. (2008) Nanopartículas fluorescentes de fibroína de seda preparadas com microemulsão inversa. Macromol. Res. 16, 604-608.

Nazarov, R.; Jin, H.-J.; Kaplan, D.L. (2004) Porous 3-D Scaffolds from Regenerated Silk Fibroin. Biomacromolecules 5, 718-726.

N. Jaramillo-Quiceno, A. Restrepo-Osorio, (2020) Tratamento de recozimento com água para revestimentos de fibroína de seda comestível a partir de resíduos fibrosos, J. Appl. Polym. Sci. 137 (13) 48505.

Numata, K.; Hamasaki, J.; Subramanian, B.; Kaplan, D.L. (2010) Entrega de genes mediada por proteínas de seda recombinantes com motivos catiónicos e de ligação celular. J. Control. Release 146, 136-143.

Omenetto FG, Kaplan DL (2010) Novas oportunidades para um material antigo. Ciência 329(5991):528-531.

Panilaitis, B.; Altman, G.H.; Chen, J.; Jin, H.J.; Karageorgiou, V.; Kaplan, D.L. (2003) Macrophage responses to silk. Biomaterials 24, 3079-3085.

Pinto Reis, C.; Neufeld, R.J.; Ribeiro, A.J.; Veiga, F. (2006) Nanoencapsulação I. Métodos de preparação de nanopartículas poliméricas carregadas com fármacos. Nanomedicina 2, 8-21.

P. J. Babu, A. Tirkey, T. J. M. Rao, (2021) Uma revisão sobre as recentes tecnologias adoptadas pelas indústrias alimentares e a intervenção de nanopartículas 2D-inorgânicas em aplicações de embalagem de alimentos, Eur. Food Res. Technol. 247 (12) 2899-2914 .

Q.Q. Dou, S.S. Liow, E. Ye, et al., (2014) Polímeros termogelantes biodegradáveis: trabalhando para aplicações clínicas [J], Adv. Healthc. Mater. 3 (7) 977-988.

Qu, J.; Liu, Y.; Yu, Y.; Li, J.; Luo, J.; Li, M. (2014) Nanopartículas de fibroína de seda preparadas por electrospray como transportadores de libertação controlada de cisplatina. Mater. Sci. Eng. C: Mater. Biol. Appl. 44, 166-174.

Quail DF, Joyce JA (2013) Regulação microambiental da progressão tumoral e metástases. Nat Med 19(11):1423-1437.

R. Ladj, A. Bitar, M.M. Eissa, et al., (2013) Encapsulamento de polímeros de nanopartículas inorgânicas para aplicações biomédicas [J], Int. J. Pharm. 458 (1) 230-241.

Rajkhowa, R.; Wang, L.; Kanwar, J.; Wang, X. (2009) Fabrico de pó ultrafino a partir de seda de Bomyx mori através de atritor e moagem a jato. Powder Technol. 191, 155-163.

Rajkhowa, R.; Wang, L.; Wang, X. (2008) Preparação de pó de seda ultrafino através de moagem rotativa e de bolas. Powder Technol. 185, 87-95.

S. Merino, C. Martin, K. Kostarelos, et al., (2015) Hidrogéis nanocompósitos: sinergias entre polímeros e nanopartículas 3D para a administração de medicamentos a pedido [J], ACS Nano 9 (5) 4686-4697.

S. Sharifi, S. Behzadi, S. Laurent, et al., (2012) Toxicidade dos nanomateriais[J], Chem. Soc. Rev. 41 (6) 2323-2343.

Sager, W.F.C. (1998) Formação controlada de nanopartículas a partir de microemulsões. Curr. Opin. Colloid Interface Sci. 3, 276-283.

Sehnal, F.; Zurovec, M. (2004) Construção do núcleo da fibra de seda em lepidópteros. Biomacromolecules 5, 666-674.

Seib FP, Jones GT, Rnjak-Kovacina J, Lin Y, Kaplan DL (2013) Libertação de fármacos anticancerígenos dependente do pH a partir de nanopartículas de seda. Adv Healthcare Mater 2(12):1606-1611.

Shi, P.J.; Goh, J.C. (2011) Libertação e aceitação celular de partículas de fibroína de seda carregadas com múltiplos fármacos. Int. J. Pharm. 410, 282-289.

Song W, Gregory DA, Al-Janabi H, Muthana M, Cai Z, Zhao X (2019) Nanopartículas magnéticas de seda/polietilenoimina para entrega de genes direccionados a células de cancro da mama humano. Int J Pharm 555:322-336.

Song, W.; Muthana, M.; Mukherjee, J.; Falconer, RJ; Biggs, CA; Zhao, X. (2017) Nanopartículas de casca de núcleo de seda magnética como portadores potenciais para entrega direcionada de curcumina em células de câncer de mama humano. ACS Biomater. Sci. Eng. 3, 1027-1038.

Subia B, Chandra S, Talukdar S, Kundu SC (2014) Nanocarreadores de fibroína de seda conjugados com folato para entrega de medicamentos direcionados. Integr Biol 6(2):203-214.

Suo, Q.L.; He, W.Z.; Huang, Y.C.; Li, C.P.; Hong, H.L.; Li, Y.X.; Zhu, M.D. (2005) Micronização do pigmento natural bixina pelo processo SEDS através de atomização por pré-filtragem. Powder Technol. 154, 110-115.

T. Hanemann, D.V. Szabó, (2010) Polymer-nanoparticle composites: from synthesis to

Theodora, C.; Sara, P.; Silvio, F.; Alessandra, B.; Giuseppe, T.; Barbara, V.; Barbara, C.; Sabrina, R.; Silvia, D.; Stefania, P. (2016) Lisado de plaquetas e células estromais mesenquimais adiposas em tapetes não tecidos de fibroína de seda para cicatrização de feridas. J. Appl. Polym. Sci. 133.

Tian Y, Jiang X, Chen X, Shao Z, Yang W (2014) Nanopartículas magnéticas de fibroína de seda carregadas com doxorrubicina para a terapia orientada do cancro multirresistente. Adv Mater 26(43):7393-7398.

Torchilin VP (2005) Recent advances with liposomes as pharmaceutical carriers. Nat Rev Drug Discovery 4(2):145-160.

Tsuzuki, T. (2009) Produção à escala comercial de nanopartículas inorgânicas. Int. J. Nanotechnol. 6, 567-578.

Vepari, C.; Kaplan, D.L. (2007) Silk as a Biomaterial. Prog. Polym. Sci., 32, 991-1007.

Wang X, Kluge JA, Leisk GG, Kaplan DL (2008) Gelificação de fibroína de seda induzida por sonicação para encapsulamento de células. Biomaterials 29(8):1054-1064.

Wang, X.; Yucel, T.; Lu, Q.; Hu, X.; Kaplan, D.L. (2010) Nanoesferas e microesferas de seda a partir de filmes de mistura de seda/pva para administração de medicamentos. Biomaterials 31, 1025-1035.

W.I. Abdel-Fattah, N. Atwa, G.W. Ali, (2015) Influência do protocolo de extração de fibroína nas actividades antibióticas dos compósitos construídos, Prog. Biomater. 4 77-88.

Wongpinyochit, T.; Johnston, B.F.; Seib, F.P. (2018) Comportamento de degradação de nanopartículas de seda - capacidade de resposta enzimática. ACS Biomater. Sci. Eng. 4, 942-951.

Wu, Y.; MacKay, J.A.; McDaniel, J.R.; Chilkoti, A.; Clark, R.L. (2009) Fabrico de nanopartículas de polipéptidos semelhantes à elastina para administração de medicamentos por electrospraying. Biomacromolecules 10, 19-24.

Xie, H.; Wang, J.; He,Y.; Gu, Z.; Xu, J.; Li, L.; Ye, Q. (2017) Avaliação da biocompatibilidade e segurança de um copolímero de andaime de polifosfato de cálcio dopado com fibroína de seda in vitro e in vivo. RSC Adv. 7, 46036-46044.

X. Guo, Z. Dong, Y. Zhang, Y. Li, H. Liu, Q. Xia, et al., (2016) Proteínas no casulo do bicho-da-seda inibem o crescimento de Beauveria bassiana, PLoS One 11 e0151764.

Y. Zare, I. Shabani, (2016) Nanocompósitos de polímero/metal para aplicações biomédicas [J], Mater. Sci. Eng. C 60 195-203.

Yan HB, Zhang YQ, Ma YL, Zhou LX (2009) Biossíntese de conjugados de nanopartículas de insulina-fibroína de seda e avaliação in vitro de um sistema de administração de fármacos. J Nanopart Res 11(8):1937-1946.

Yao, D.; Dong, S.; Lu, Q.; Hu, X.; Kaplan, D.L.; Zhang, B.; Zhu, H. (2012) Scaffolds de seda lixiviados com sal com propriedades mecânicas ajustáveis. Biomacromolecules 13, 3723-3729.

You, R.; Zhang, Y.; Liu, Y.; Liu, G.; Li, M. (2013) O comportamento de degradação da fibroína da seda derivada de diferentes solventes líquidos iónicos. Nat. Sci. 5, 10.

Y. Tabei, K. Tsutsumi, A. Ogawa, (2011) Aplicação de película de fibroína insolúvel como película de condicionamento para a formação de biofilme, Sens. Mater. 23 195-205.

Zhang Y, Hong H, Myklejord DV, Cai W (2011) Imagem molecular com nanopartículas activas SERS. Small 7(23):3261-3269.

Zhang, D.L. (2004) Processamento de materiais avançados utilizando a fresagem mecânica de alta energia. Prog. Mater. Sci., 49, 537-560.

Zhao, S.; Chen, Y.; Partlow, B.P.; Golding, A.S.; Tseng, P.; Coburn, J.; Applegate, M.B.; Moreau, J.E.; Omenetto, F.G.; Kaplan, D.L. (2016) Sistemas microfluídicos de hidrogel de seda bio-funcionalizados. Biomaterials 93, 60-70.

Zhao, Z.; Chen, A.Z.; Li, Y.; Hu, J.Y.; Liu, X.; Li, J.S.; Zhang, Y.; Li, G.; Zheng, Z.J. (2014) Fabrico de nanopartículas de fibroína de seda para administração controlada de fármacos. J. Nanopart. Res. 14, 736-745.

Zhao, Z.; Li, Y.; Chen, A.Z.; Zheng, Z.J.; Hu, J.Y.; Li, J.S.; Li, G.( 2013) Generation of SF nanoparticles via solution-enhanced dispersion by supercritical CO2. Ind. Eng. Chem. Res. 52, 3752-3761.

Zhao, Z.; Li, Y.; Zhang, Y.; Chen, A.Z.; Li, G.; Zhang, J.; Xie, M.B.( 2014) Desenvolvimento de nanopartículas de poli(L-lactida) -poli(etilenoglicol)-poli(L-lactida) modificadas com fibroína da seda em CO2 supercrítico. Powder Technol. 268, 118-125.

# ANEXOS

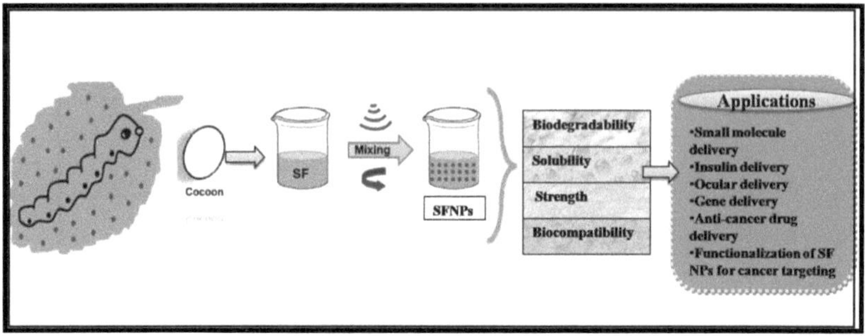



**Fig 1:** Diagrama esquemático mostrando as características e técnicas de preparação de compósitos feitos de SFNPs (**T. Hanemann, D.V. Szabó, 2010**)

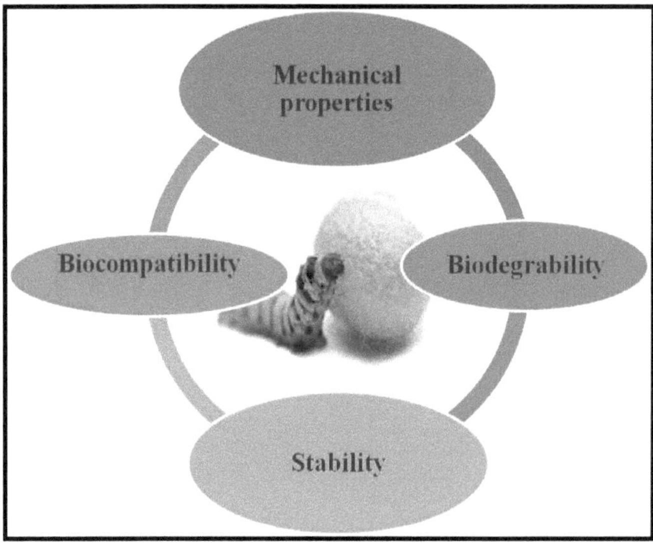



**Fig. 2.** Propriedades físico-químicas da fibroína da seda (**Theodora, C, 2014**)

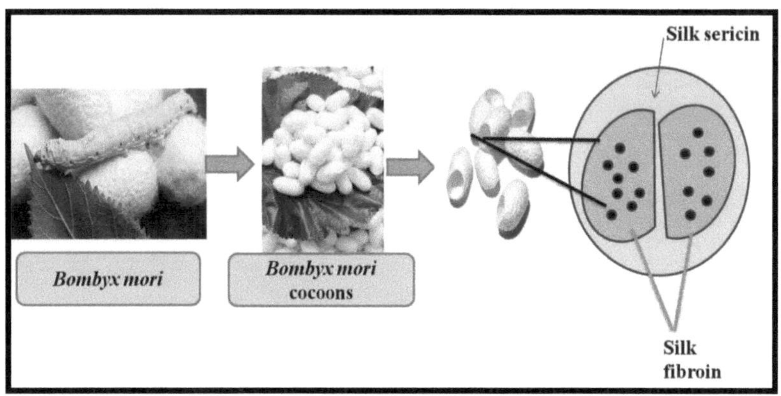



Fig 3. Proteína de fibroína da seda do bicho-da-seda *Bombyx mori* (**Liu, B, 2015**)

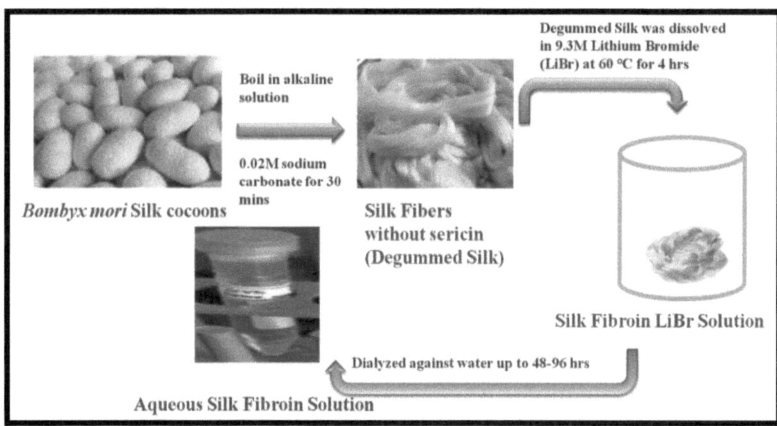



Fig. 4. Processamento da Fibroína da Seda (SF) (**Wongpinyochit, T, 2018**)

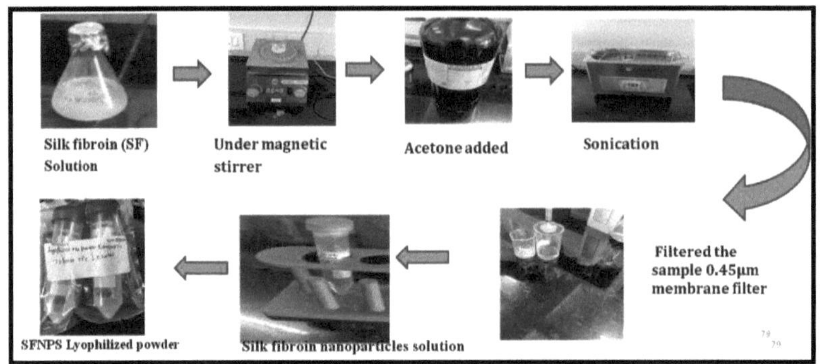


**Fig 5.** Diagrama esquemático do método de dessolvatação para a preparação de nanopartículas de fibroína da seda (SF) **(Lohcharoenkal, W, 2014)**

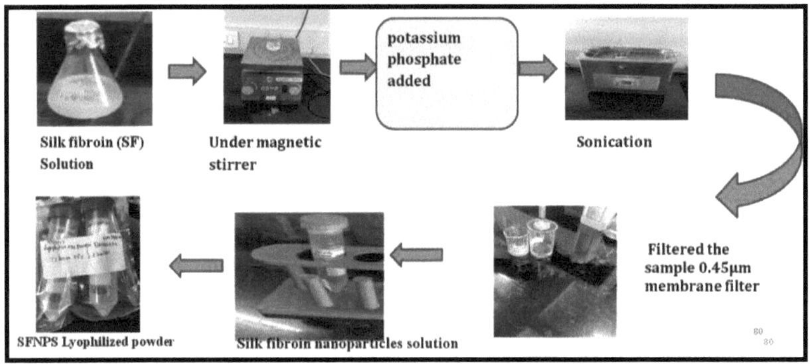


**Fig. 6.** Diagrama esquemático do método de salga para a preparação de nanopartículas de SF **(Lammel, A.S,, 2010)**

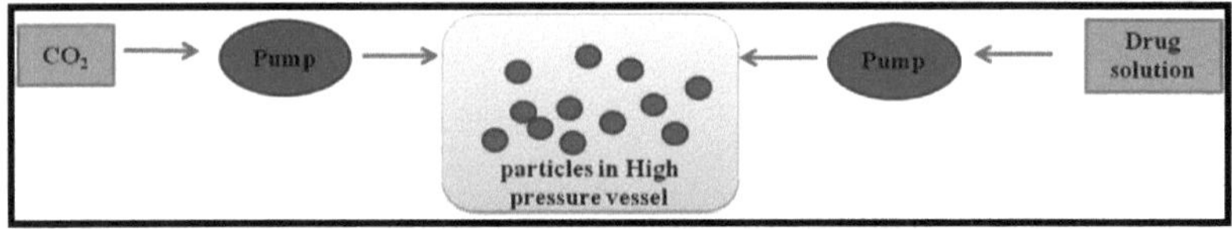


**Fig. 7.** Diagrama esquemático do processo SEDS para a preparação de nanopartículas de SF **(Chen, A.Z, 2012)**

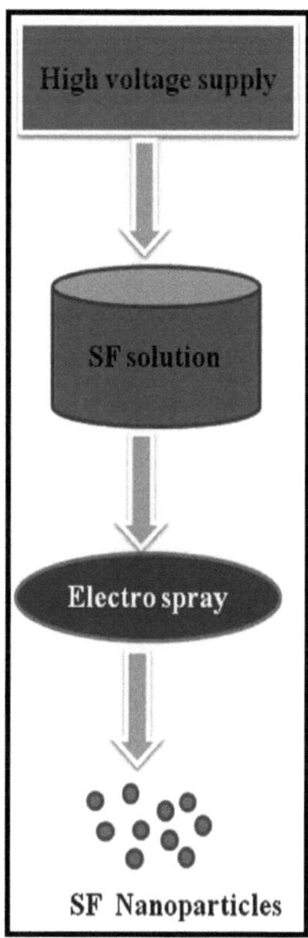



**Fig. 8.** Diagrama esquemático do método de electrospraying para a preparação de nanopartículas de SF.

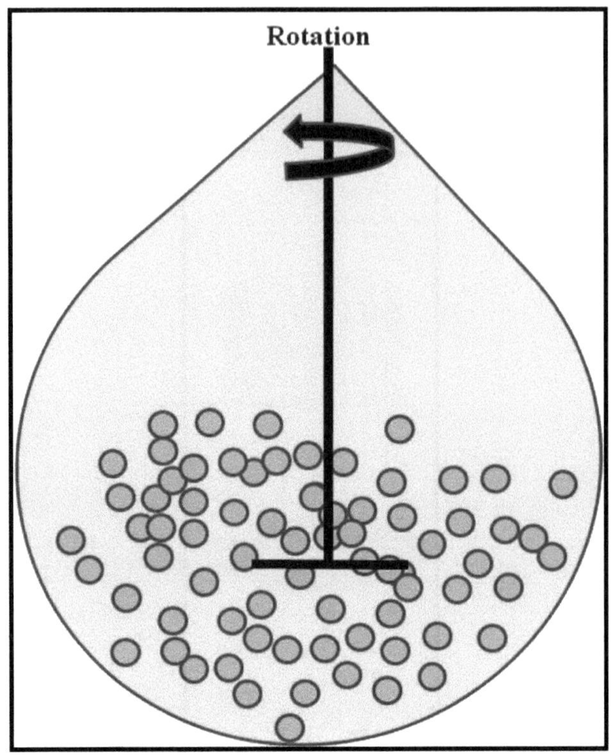


**Fig 9.** Diagrama esquemático do método de cominuição mecânica para a preparação de partículas **(H.; Moradi, A.R., 2011)**

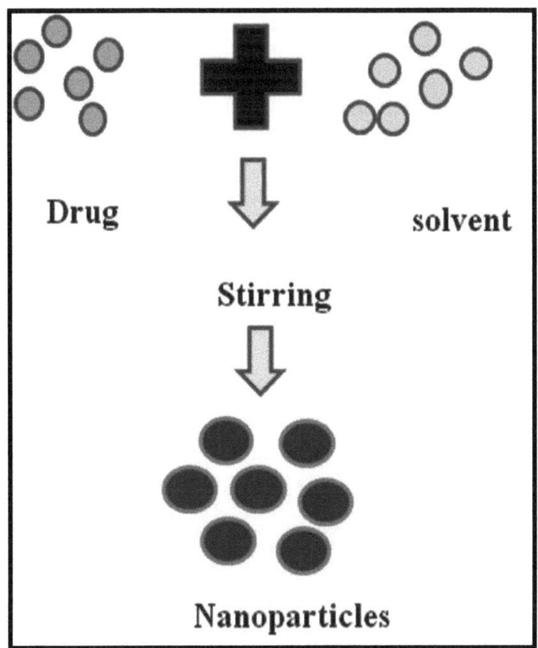



**Fig. 10.** Diagrama esquemático do método de microemulsão para a preparação de nanopartículas de SF **(Myung, S.J, 2008)**

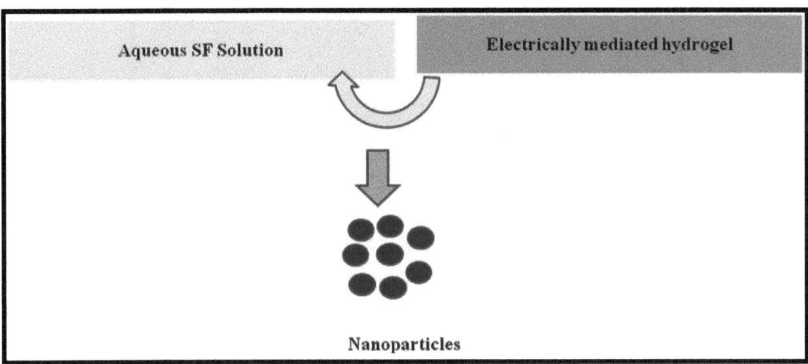



**Fig. 11.** Diagrama esquemático do método dos campos eléctricos para a preparação de nanopartículas de SF **(Lu, Q, 2011)**

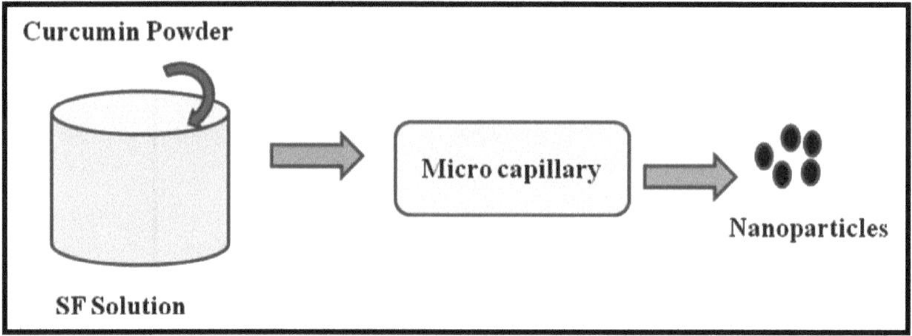



**Fig. 12. Diagrama** esquemático da técnica de micropontos capilares para a preparação de nanopartículas de SF **(Leisk, G.G 2010)**

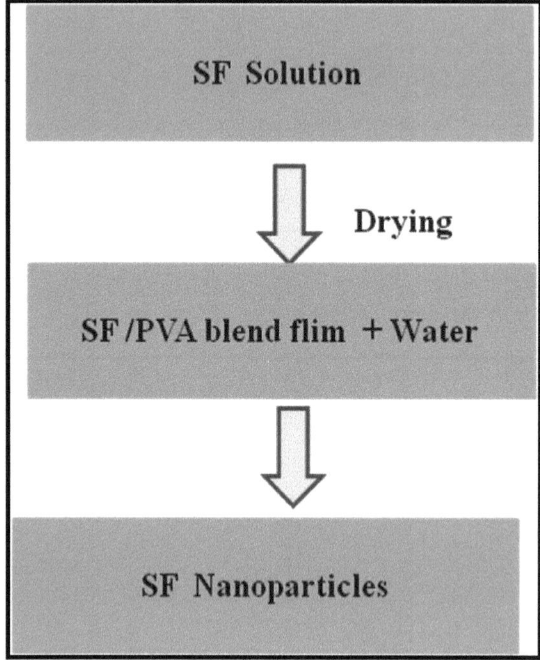



**Fig. 13. Diagrama** esquemático do método da película de mistura de PVA para a preparação de nanopartículas de SF **(Lu, Q, 2011)**

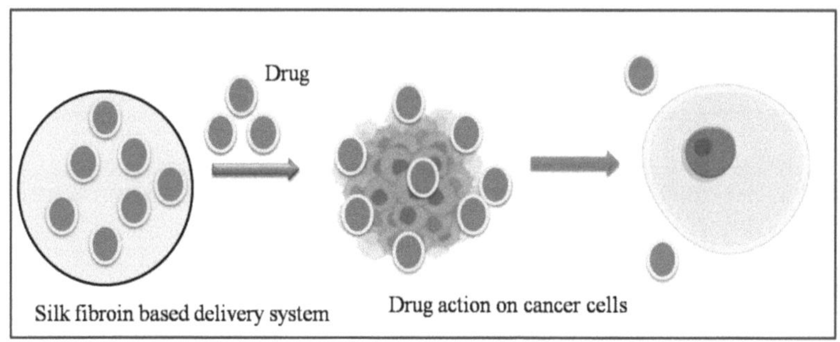


**Fig. 14.** Sistema de entrega baseado em SF para entrega de medicamentos anticancerígenos **(Song W, 2019)**

# I want morebooks!

Buy your books fast and straightforward online - at one of world's fastest growing online book stores! Environmentally sound due to Print-on-Demand technologies.

Buy your books online at
**www.morebooks.shop**

Compre os seus livros mais rápido e diretamente na internet, em uma das livrarias on-line com o maior crescimento no mundo! Produção que protege o meio ambiente através das tecnologias de impressão sob demanda.

Compre os seus livros on-line em
**www.morebooks.shop**

Printed by Books on Demand GmbH, Norderstedt / Germany